BIBLIOTHÈQUE DE L'ÉLEVEUR

DE LA
BASSE VOLERIE

ET DU

DRESSAGE PRATIQUE DE L'AUTOUR & DE L'ÉPERVIER

PAR

O. CERFON

AVEC 86 GRAVURES DONT 18 HORS TEXTE

VINCENNES

AUX BUREAUX DE L'ÉLEVEUR

19, Rue de l'Hôtel-de-Ville, 19

1887

DE LA BASSE VOLERIE

ET DU

DRESSAGE PRATIQUE DE L'AUTOUR

ET DE L'ÉPERVIER

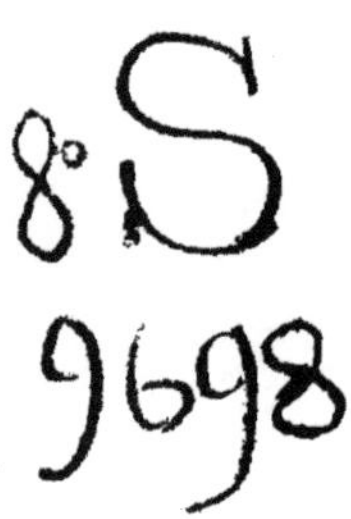

BIBLIOTHÈQUE DE L'ÉLEVEUR

DE LA
BASSE VOLERIE

ET DU

DRESSAGE PRATIQUE DE L'AUTOUR & DE L'ÉPERVIER

PAR

C. CERFON

AVEC 36 GRAVURES DONT 18 HORS TEXTE

VINCENNES

AUX BUREAUX DE L'ÉLEVEUR

19, Rue de l'Hôtel-de-Ville, 19

1887

DE LA BASSE VOLERIE

ET DU

DRESSAGE PRATIQUE

DE L'AUTOUR ET DE L'ÉPERVIER

Après avoir lu et médité presque tous les ouvrages de fauconnerie anciens et modernes, j'ai essayé pendant plusieurs années de dresser des oiseaux de proie pour la chasse du poil et de la plume et je dois avouer que mes efforts n'ont été couronnés de succès qu'après avoir reçu quelques leçons d'un illustre praticien et docteur en fauconnerie, M. Alfred Belvalette, mon sympathique et aimable ami à qui je dédie ce petit travail.

L'élève ne se fait aucune illusion et sait fort bien qu'il n'aura jamais l'autorité du maître qui possède des secrets naturels et magiques. Mais enfin, ce qu'il a appris, il a la prétention de le bien savoir, et la preuve, c'est qu'il a débuté par le dénichage et qu'à l'heure présente, Faisans, Perdrix, Lapins et Lièvres sont inscrits au tableau de la chasse de ses oiseaux.

Ce qui manque presque toujours dans les anciens traités d'autourserie, ce sont les détails indispensables à la mise en pratique, et dans les nouveaux, on ne retrouve que la copie des anciens. Ces ouvrages suffisaient évidemment autrefois. Tous les amateurs connaissaient plus ou moins ce genre de chasse et le premier hobereau venu, possédait un autour ou un épervier.

Je commencerai donc, avant de m'occuper du dressage de l'oiseau et des termes employés à cet usage, à vous initier à son histoire naturelle et à quelques recherches didactiques que j'ai puisées dans les notes de M. Magaud-d'Aubusson dont l'ouvrage, *La Fauconnerie au moyen âge*, est un vrai chef-d'œuvre de savant.

HISTOIRE NATURELLE DE L'AUTOUR

L'Autour (*Astur* ou *falco palumbarius*), habite l'Asie, l'Afrique et une grande partie de l'Europe. En France, on le rencontre de passage presque partout, mais il ne niche guère que dans l'ouest, le nord-ouest et le centre. Il est commun dans l'Oise, la Seine-et-Oise, l'Eure, la Somme, la Seine-Inférieure et dans les départements circonvoisins. Il niche généralement sur les arbres les plus élevés des hautes futaies. Son nid est énorme et mesure jusqu'à un mètre de diamètre. Ses œufs sont au nombre de trois ou quatre, sans taches, gros comme ceux d'une forte poule mais d'un blanc un peu gris ; ils mesurent de $0^m,055$ à $0^m,045$ de long. On prétend que les gros contiennent les femelles et les petits les mâles. Le fait est sujet à contestation ; en général, les vieilles femelles pondent des œufs plus gros que ceux pondus par les jeunes. Cependant, j'ai vu une vieille femelle accouplée avec un jeune mâle avant sa première mue, ayant dans son nid des œufs de différents diamètres, ce qui pourrait donner créance à l'observation précédente.

L'autour s'accouple en mars et construit son

nid à peu près toujours dans les mêmes triages.
Ainsi, telle forêt habitée par quatre ou cinq
couples d'autours revoit tous les printemps les
mêmes couples d'oiseaux qui restent, dit-on,
fidèles jusqu'à la mort bien que, après la saison
des amours, chacun aille vivre de son côté.
L'année suivante, les couples cherchent à se
reconstituer où ils se sont laissés, et si l'un des
deux manque au rendez-vous le survivant
offre la place vacante à un nouveau. Si enfin
les habitués n'existent plus ni les uns ni les
autres, le milieu se repeuple d'un nouveau
couple, ce qui prouve que ces oiseaux ont besoin de régner sur une certaine étendue de
forêt pour pouvoir vivre et nourrir leurs petits, d'autant plus qu'en dehors du ménage,
ils vivent en très mauvaise intelligence avec
leurs semblables.

La femelle couve seule pendant le jour
et le mâle vient lui apporter à manger. Je
ne sais si le mâle couve alternativement
avec la femelle, c'est-à dire si l'une couve
pendant le jour et l'autre pendant la nuit,
je ne le crois pas; cependant je ne pour-
rais affirmer le contraire. Voici du reste le
résultat de mes observations personnelles avant
et pendant l'incubation.

J'ai vu les deux oiseaux apporter les maté-
riaux pour la construction du nid. Chaque fois
que je me suis approché d'un nid et que j'en
ai tué la couveuse, j'ai toujours tué la femelle,
et cela plus de cinquante fois ; cependant, en
retournant le lendemain matin au nid, j'ai pu

FIG. 1. — 1. Autour adulte; 2. Jeune Autour.

y tuer le mâle, qui pendant la nuit avait naturellement pris la place de la femelle. Un jour,
voulant compléter mon observation, je me suis
posté près d'un nid où j'avais manqué la femelle au départ ; j'espérais pouvoir la tirer à
son retour, et j'ai été surpris par les ténèbres
avant de l'avoir vue revenir. Étant muni d'une
bonne couverture et de quelques munitions
de bouche je me décidai à camper toute la nuit
pour voir si réellement le mâle prenait la place
de la femelle ; à qua're heures moins un quart,
je tuai la femelle au saut du nid.

Autre observation : Un jour je blesse une
femelle assez grièvement, toujours en sortant
du nid ; elle file à tire-d'aile à cinq ou six cents
mètres en traînant la patte, et je la perds de
vue. Huit jours après, je retourne au nid ; je
fais frapper à l'arbre et je tire l'oiseau qui s'enlève du nid. Je le tue, et en l'examinant, je
reconnais la blessure faite huit jours avant ;
j'avais donc tué la femelle. Le lendemain matin, je retourne au nid, je fais frapper à l'arbre,
je fais partir du nid et je tue le mâle qui avait
pris la place de la femelle.

En résumé, pendant l'incubation, je n'ai jamais tué le mâle sur le nid qu'après avoir tué
la femelle, d'où je peux conclure qu'il ne
prend sa place qu'en son absence ; reste à savoir s'il conduirait le reste de l'incubation jusqu'à l'éclosion, j'en doute. Je puis cependant
affirmer qu'après l'éclosion, les petits, perdant
le père ou la mère, ne sont pas abandonnés
par le survivant.

Dans les derniers jours de l'incubation, la femelle couve avec tellement d'assiduité, qu'elle ne s'enlève pas du nid lorsqu'on frappe à l'arbre. J'en ai remarquées qui tenaient quand même le nid devant les démonstrations les plus bruyantes.

Les petits naissent couverts d'un duvet blanc ; ils ont les pattes jaunes et les ongles noirs. L'iris de l'œil est gris porcelaine et jaunit en vieillissant.

Durant la première semaine après l'éclosion, les parents dévalisent les nids de grives des environs en enlevant les petits qu'ils apportent à leur progéniture. Ces petites grives n'ont encore à cette époque que des tuyaux, c'est-à-dire des plumes à l'état naissant, et constituent une nourriture tendre et délicate. Les parents les dépècent toutes vivantes et n'offrent aux jeunes autours que des morceaux choisis. Au bout de huit jours, la nourriture est plus substantielle : elle se compose de jeunes pigeons ramiers, de jeunes corneilles et de jeunes geais. Au bout de quinze jours, les petits mangent seuls et ont un garde-manger alimenté par les parents, principalement le matin et le soir. Ces observations sont faciles à faire : il suffit de ramasser d'abord les détritus qui sont au pied de l'arbre, ou d'y faire grimper au besoin pour en faire la vérification.

Ce garde-manger se compose quelquefois de lapereaux, de levrauts, de ramiers, de perdrix, de poussins et d'oiseaux divers. Le plus garni que j'ai remarqué contenait douze lapereaux de différentes grosseurs. Mais, en général, le garde-manger est assez maigre. Du reste tous ces jeunes rapaces ne restent pas sur leur appétit et dévorent en tout temps et quand même.

On a prétendu qu'un autour enlevait facilement dans son aire un gros lapin on un lièvre de cinq livres. Je n'ai jamais vu le fait. J'ai assisté un jour à la chasse et à la prise d'un lièvre par une femelle d'autour à l'état sauvage, mais je n'ai pas vu ni remarqué la possibilité à cet oiseau d'enlever de terre un poids aussi considérable. Ce qu'on trouve dans les nids, ce sont des lapereaux et des levrauts, et jamais des lapins adultes et des vrais lièvres. On peut y trouver des quartiers, c'est vrai, mais ils sont charriés en plusieurs voyages. Notez que je ne nie rien, je dis seulement ce que j'ai vu. Depuis vingt-cinq ans, j'ai déniché plus de cent nids d'autours et jamais je n'y ai vu un gros lapin ou un lièvre adulte en entier. J'ai dans mes connaissances certains blagueurs-naturalistes qui ont vu enlever des lièvres de huit livres ; c'est à mettre avec les histoires d'aigles enlevant des gros béliers. Qui veut trop prouver, ne prouve rien. J'ai pourtant sur ce point fait une expérience très concluante : j'ai attaché un poids de quatre kilos aux pattes d'un autour femelle pris au piège et je lui ai donné la liberté. Elle n'a pu hélas en profiter, faute de pouvoir soulever le poids. Je serais heureux, chers lecteurs, d'étendre mes recherches sur ce point qui

est en contradiction avec l'opinion de bien des
gros bonnets devant l'autorité desquels on a
l'habitude de s'incliner.

Dans l'ouvrage de M. Magaud d'Aubusson,
nous retrouvons certaines recherches très intéressantes que nous nous empressons de vous
offrir.

Ainsi, le père de François Huber, si célèbre
par ses recherches sur les mœurs des abeilles,
a publié à Genève, en 1784, un livre in-8° re-
marquable, traitant sur le vol des oiseaux de
proie. Il les divise en *rameurs* et en *voiliers*,
les premiers agissent sur l'air en se servant de
leur aile comme d'une rame, tandis que les
seconds opposent la leur au vent à la façon
d'une voile. Les grandes pennes du rameur
sont, à égalité de grosseur, beaucoup plus
fortes et plus résistantes que celles du voilier.
L'aile voilière emprunte à la seule action du
vent une force capable de soutenir et de diriger
dans l'air l'oiseau qui en est pourvu. L'Autour
et l'Epervier sont des types parfaits de voiliers. Le voilier a l'aile large du bout, la plus
longue penne étant la troisième; la seconde et
la quatrième lui sont un peu inférieures en
longueur; la première et la cinquième sont un
peu plus courtes que la deuxième et la quatrième, ce qui fait que le bout de l'aile paraît
arrondi et les cinq grandes remiges presque
égales. Les pennes voilières sont très larges
dans leur milieu; les cinq principales sont
fortement échancrées et se rétrécissent subitement à partir de l'échancrure.

Dans le vol à voile, les oiseaux écartent leurs grandes pennes, de sorte que, fréquemment, on voit le jour entre elles à l'extrémité de l'aile.

Nous avons dit plus haut que l'Autour et l'Épervier étaient des types de voiliers, ils sont même classés dans une catégorie spéciale puis· qu'on les nomme *voiliers saillants*.

On ajoute l'épithète de *saillants* à cause de l'aptitude particulière qu'ils possèdent de se porter, par un espèce de saut d'une grande rapidité, à l'attaque de leur proie, saut qui s'effectue de bas en haut, de niveau, ou de haut en bas. Les oiseaux voiliers doivent à leur légèreté spécifique ou relative et aux dimensions des ailes, la faculté de se hausser avec une aisance supérieure, il leur suffit de livrer leurs ailes au souffle du vent; en disposant leurs voiles selon le besoin, pour s'élever sans autre dépense de forces aux plus grandes hauteurs. Mais ils ne peuvent ni voler *de droit fil*, en se haussant contre le vent, ni fendre les airs aussi vite que les rameurs. Comme le dit fort bien M. Magaud d'Aubusson, Huber est un peu exclusif dans ses descriptions de voiliers et de rameurs. Ainsi, pour l'Autour et l'Épervier ces voiliers par excellence rament toujours au départ afin d'acquérir de la vitesse et enfin il leur faut du vent pour s'élever dans les airs. Avec les instantanées en photographie, on pourrait assurément maintenant se rendre un compte exact de toutes les positions des voiliers et, par conséquent, déduire les lois de la résistance de l'air, surtout en ce qui concerne la décomposition de cette résistance quand elle agit contre des plans inclinés sous différents angles (1).

Nous avons dit plus haut, que les *voiliers saillants*, se précipitaient à l'attaque de la proie par un genre spécial de saut. D'après Huber et des renseignements puisés dans l'ouvrage de M. Magaud d'Aubusson, le saut paraît se composer d'un *élancement* qui part de la plante des pieds et d'une forte et brusque contraction des ailes. Le saut montant, exige le plus d'efforts et ne porte qu'à six ou sept toises. Le saut de niveau en avant, n'exige guère moins d'efforts et ne porte guère plus loin. Le saut plongeant, qui est le plus ordinaire, exige moins d'efforts que les précédents, parce que l'oiseau s'abandonne en partie à son poids et au ressort qui le relève. Le saut porte l'oiseau en remontant droit à sa proie qu'il prend alors par dessous, et c'est ce qui s'appelle *trousser*. Lorsque le saut a été accompli, avec ou sans succès, l'aile rendue à son état de voilière ne sert plus qu'à planer.

Les *voiliers saillants* poursuivent aussi leur proie à tire-d'aile, en droite ligne, et de haut en bas. Dans ce dernier cas, ils font preuve d'une vitesse extrême tant que dure la descente en ligne droite, mais pour peu que la proie s'élève en tournoyant, ils renoncent à l'entreprise.

J'ai fait moi-même, bien souvent, cette der-

---

(1) Voir le livre de M. Marey pour la théorie du vol à voile.

nière remarque en chassant des lapins le long d'un talus de chemin de fer. Tenant mon oiseau sur le poing et me trouvant en hauteur de plusieurs mètres, comparativement à la base du talus, lorsque le lapin, chassé par un Cocker, débusquait des ronces pour monter le talus, l'Autour filait sur lui comme une flèche après avoir fait le saut descendant, et si, par hasard, il manquait son coup, il se trouvait en contre-bas de sa proie qui continuait à monter le talus et restait ébahi, sans même essayer la poursuite. J'ai été à même de faire la même observation avec des éperviers poursuivant les pigeons de mon colombier.

L'attaque d'une proie est très différente chez les diverses espèces de faucons. Les *rameurs* et les *voiliers* n'ont pas du tout les mêmes procédés ; ainsi, les *rameurs* portent le coup fatal de deux manières : soit en choquant avec le sternum, soit en frappant avec l'éperon.

Schlégel est de ceux qui n'admettent que le dernier moyen. Nous, nous croyons à l'emploi des deux, et, pour complément, que les oiseaux couronnent la prise en saisissant la proie avec les serres et en la tuant à coups de bec ; ce bec est dentelé naturellement pour servir à cette besogne finale.

Les *voiliers saillants*, Autours et Éperviers, saisissent la proie avec une serre, tantôt la droite, tantôt la gauche (cela dépend de la disposition de l'attaque) et dégringolent à terre sans la lâcher.

Lorsque la proie est nerveuse et qu'elle se

défend, elle bouscule et entraîne l'agresseur, souvent pendant plusieurs mètres, mais elle se débat en vain, car elle est prise comme dans un étau. L'on aperçoit souvent l'autour à cheval sur sa victime qui l'entraîne dans les broussailles pour essayer de s'en débarrasser, mais bientôt, à bout de force, elle se rend vaincue et épuisée par la crainte et la douleur. Une agonie de quelques secondes la conduit à la mort qu'elle subit par la compression des serres qui s'enfoncent profondément dans les organes essentiels à la vie.

Nous terminerons cette étude du vol par celle de l'influence de la queue chez les *voiliers saillants*.

Chez ceux-ci, la queue est relativement beaucoup plus longue que chez les *rameurs* et elle sert principalement dans les mon ées et les descentes. Son rôle n'est pas indispensable, mais utile. Les oiseaux privés de leur queue, volent moins légèrement, mais enfin ils volent. On prétend qu'en liant la queue des Autours, on les empêche de monter dans les airs.

Les Autours et les Éperviers sont monogames, comme tous les oiseaux de proie, et ne peuvent reproduire en captivité. Les femelles pondent cependant quelquefois des œufs clairs.

Nous avons dit que les petits naissent couverts d'un duvet blanc, qu'ils ont les pattes jaunes, les ongles et le bec noirs et l'iris des yeux gris porcelaine. Quinze jours après la naissance, les tuyaux des plumes des ailes et de la queue commencent à pousser; une se-

Fig. 2. — Épervier.

maine après, les plumes commencent à se montrer sur le poitrail et forment des taches brunes en forme de larmes, sur fond plus clair couleur tabac; leur direction est longitudinale. Enfin, au fur et à mesure de la pousse des plumes, l'oiseau, aidé de son bec, se débarrasse de son épais duvet.

A ce moment de transition, je crois avoir fait une remarque qui n'est signalée dans aucun traité d'histoire naturelle, et qui a attiré mon attention au mois de juin dernier : J'avais à cette époque huit jeunes Autours des deux sexes, et tous les matins je ramassais des petites *cures* composées de plumes que mes oiseaux rendaient dix-huit à vingt heures après le repas; j'avais soin de n'offrir, en fait de nourriture, que des viandes absolument délicates et ne contenant ni os, ni nerfs, ni plumes, ni poils. J'étais, je vous l'avoue, très étonné de la trouvaille qui me représentait des effets sans m'en laisser deviner la cause. C'est en observant que je suis arrivé à trouver l'explication de l'énigme qui me tracassait. Je voyais constamment mes oiseaux faire leur toilette, se passer la tête sous les ailes et se secouer vigoureusement, et je croyais qu'une démangeaison vive les inquiétait en permanence. Pas du tout; les petits duvets qu'ils arrachaient, ils les avalaient bel et bien et par besoin naturel, et je les retrouvais sous forme de pelottes qu'ils vomissaient devant mes yeux et souvent après de pénibles efforts.

Le nid est toujours tenu proprement. Les

jeunes oiseaux ont tous la tête en face les uns
des autres, et lorsqu'ils ont besoin de fienter,
ils baissent le cou, relèvent la partie posté-
rieure du corps et lancent leurs excréments à
plus d'un mètre de distance, ce qui trahit du
reste la présence de l'habitation lorsqu'elle est
cachée par le feuillage. Ces excréments sont
composés en majeure partie d'acide urique
insoluble, ayant l'apparence de lait de chaux,
et laissent des traces blanches tout autour de
l'arbre. — C'est avec intention que je tiens
essentiellement à ne pas me servir des termes
de fauconnerie tant que je serai dans les détails de l'histoire naturelle.

Vers la fin de juin et au commencement de
juillet, les jeunes Autours se dressent debout
sur leurs pattes, quittent le nid et se branchent
à quelques mètres pour revenir y passer la
nuit et s'y réchauffer. A partir de cette époque,
ils s'enhardissent de jour en jour, s'éloignent
de branches en branches en s'exerçant au vol.
Les parents leur apportent des proies vivantes,
qu'ils tuent eux-mêmes et enfin, vers la fin
de juillet, ils commencent à chasser les jeunes
oiseaux, tels que grives, merles, geais, tourte-
relles, corneilles, les petits mammifères et les
lapereaux.

Il est facile, même dans le plus jeune âge,
de distinguer les mâles et les femelles, attendu
que ces dernières sont beaucoup plus grosses.
On a prétendu que le nom de tiercelet, qui est
donné au mâle en terme de fauconnerie, avait
pour origine la différence de grosseur, parce

qu'il était d'un tiers moins fort. La vérité est qu'il est d'un huitième plus petit et non d'un tiers, comme on le dit généralement.

Les jeunes Autours qui n'ont pas encore mué ne ressemblent pas du tout aux adultes à tel point qu'on les prendrait, et qu'on les a pris souvent, pour des oiseaux d'espèces différentes. Chez les Autours de l'année, les pieds et la cire du bec sont d'un jaune verdâtre, qui devient citron vif en vieillissant. L'iris passe d'un gris porcelaine à un jaune livide, et devient jaune d'or à la fin de la première année seulement. Le plumage est brun, taché, comme je l'ai dit plus haut, en larmes verticales. La queue est grise, traversée par des barres noires et blanches, avec le bout de toutes les plumes terminé par du blanc. La jambe de l'Autour est remarquablement plus longue que celle des autres oiseaux de proie; ses serres sont aussi beaucoup mieux armées. Ce sont du reste les seuls instruments qui lui servent pour la prise de la proie.

Au bout d'un an, les Autours changent de plumage. La couleur et les lignes qu'elle forme en font un oiseau d'un aspect tout à fait différent.

A cette première mue, une grande partie des plumes tombent, et celles du cou, de la poitrine et du ventre sont remplacées par d'autres dont l'ensemble forme des raies transversales blanches et grises, mouchetées par des larmes bronzées. La tête du mâle se fonce et forme une espèce de calotte brune; une raie blanche

semble passée au-dessus des yeux. Les plumes
de la queue deviennent plus brunes, et finalement c'est au bout de la deuxième mue, c'est-
à-dire au troisième printemps, que l'oiseau
acquiert sa beauté parfaite. Les couleurs du
mâle sont toujours beaucoup plus vives que
celles de la femelle.

AUTOURSERIE

L'autourserie, autrefois ᴀᴠᴛᴏᴠʀꜱꜱᴇʀɪᴇ , est
l'art d'apprivoiser et de dresser les oiseaux de
proie de basse volerie. En langage de fauconnerie, le mot apprivoiser se remplace par le
mot *affeter*. Ceux qui se chargent de l'*affetage*
se nomment *Autoursiers* ou *Autourssiers* et encore *Austrussiers*.

Le mâle de l'Autour se nomme *Tiercelet;* le
mâle de l'Epervier se nomme *Mouchet, Emouchet* et même *Emouquet*. En vieux français, on
disait *Esparvier*. Dans l'ancien temps, on les
nommait aussi des *Cuisiniers* parce qu'ils vi-
vaient à la cuisine et qu'ils alimentaient le
garde-manger.

Si les faucons de haut vol se nomment *oiseaux de leurre*, ceux qui nous occupent se
nomment *oiseaux de poing*. Ils sont ainsi appe-
lés parce que l'*Autourssier* doit toujours les tenir sur le poing gauche, les *réclamer*, c'est-à-
dire les faire venir sur le poing et les faire
paître dessus, c'est-à-dire les faire manger.

Selon les âges et conditions des oiseaux, la
fauconnerie se sert de différents noms pour les
désigner. Ainsi, ils sont *Niais* ou *Nyais, Branchiers, Sors, Passagers* et *Hagars*.

L'oiseau *Niais* est celui qui est pris dans le nid ou l'*aire* avant de voler. Le *Branchier* ou *Branché* est celui qui a quitté le nid et qui commence à voleter de branche en branche. Le *Sors* ou *Sot* se dit de l'oiseau avant sa première mue. Le *Passager* est celui qui, adulte, est de passage et se prend au piège hors des forêts. Enfin le *Hagard* est celui qui a mué en pleine liberté sans avoir jamais été privé.

Le dénichage des oiseaux nyais demande certaines précautions. Il est d'usage, pour avoir des oiseaux bien vigoureux, de les laisser au nid le plus longtemps possible. Rien ne peut rivaliser avec la nature, aussi doit-on attendre que les oiseaux soient robustes et qu'ils soient *sur le pied*, c'est-à-dire qu'ils aient la force de se soulever et de se tenir debout dans le nid. On prétend qu'en les dénichant trop petits, ils sont sujets à devenir goutteux.

Pour dénicher des autours nyais au nid, on prend généralement un *ébrancheur* qui, à l'aide de crampons d'acier attachés à ses chaussures, monte facilement aux arbres les plus gros et les plus élevés. Il doit avoir soin de prendre une corde qu'il enlace autour du tronc et dont il tient les extrémités avec les mains. Cette corde lui sert à se maintenir en équilibre lorsque l'arbre est trop gros ; ensuite si un des crampons venait à casser ou à glisser sur l'écorce, il aurait encore un point de retenue. Enfin lorsqu'il arrive aux nœuds, aux bosses et aux fourches, sa corde lui est complètement indispensable. Il faut du reste avoir l'expérience

du métier pour s'aventurer à un pareil exercice, qui peut devenir très dangereux pour celui
qui n'y est pas rompu. Nous supposons donc
notre ébrancheur bien en état, et nous le mu-
nissons d'une longue corde pouvant facilement
aller du nid au sol.

Le voilà donc parti pour les hautes régions.
Lorsqu'il est arrivé à destination, la première
chose à faire est de renseigner l'autoursier sur
le nombre et la grosseur des sujets, et lorsque
ce dernier a jugé qu'ils sont bons à dénicher, il
fait descendre la corde à laquelle il attache un
panier que l'ébrancheur remonte jusqu'à lui ;
il y place les oiseaux un à un et les redescend
à terre. Le dénichage est accompli.

Il m'est arrivé, dans une opération de dénichage, une aventure que je dois vous raconter
et dont je certifie toute la vérité : Un jour, je
fis la précieuse découverte d'un magnifique nid
d'autours contenant quatre œufs couvés assi-
dûment par la mère. Le dimanche suivant,
faisant une grande tournée dans la forêt, je
tenais à revoir ma trouvaille qui se trouvait
précisément au commencement et sur le chemin de mon excursion. Au moment où j'arrivai dans la futaie, j'aperçois deux hommes au
pied d'un hêtre : l'un d'eux, ajustait ses grap-
pins et se disposait tranquillement à monter
au nid pour en prendre les œufs. — Il venait,
disait-il, de la part d'un collectionneur ; —
heureusement que j'étais en compagnie d'un
garde, car j'eus beaucoup de peine à faire
comprendre à ces deux amateurs que ce nid

était ma propriété et que j'en défendais expressément le dénichage. Pour apaiser la colère de ce concurrent inattendu, j'offris de graisser la patte plus largement que le naturaliste et j'obtins l'éloignement des deux citoyens. Je me méfiais, et j'avais raison Je résolus de surveiller ma nouvelle propriété en simulant un départ et en me campant dans une clairière de laquelle j'apercevais parfaitement le gros hêtre où se trouvait le nid d'autour. Un quart d'heure s'était à peine écoulé, que j'aperçus mes deux ravisseurs qui se dirigeaient à pas de loup vers l'endroit où je les avais rencontrés. Plus de doute possible, mon nid était en danger et je ne savais comment faire. Une idée bizarre me vint subitement. Je m'approchai des hommes et je fis opérer le dénichage par l'un d'eux. Il était payé et s'exécuta de bonne grâce. Je mis les œufs dans un panier garni de laine, je les conservai durant quatre heures environ et je les fis porter à un nid de buse ordinaire qui se trouvait bien caché et environ à six kilomètres du nid d'autour. Je substituai quatre œufs d'autour à trois œufs de buse, et je partis très incertain du résultat. Quelques jours après, j'appris par le garde que la mère les couvait très bien, et j'eus le plaisir, en juin, de dénicher trois superbes *Autours branchiers*, dont deux femelles et un tiercelet, élevés par un couple de buses ordinaires. Un des petits avait été trouvé mort au pied de l'arbre. Ils étaient magnifiques et sont devenus la propriété d'un

de nos sympathiques abonnés de *l'Éleveur* qui
en a fait, après dressage, des oiseaux chasseurs remarquables.

Une fois le dénichage accompli, nous avons
l'habitude d'envelopper les petits un à un dans
une serviette. La tête seule dépassant ; en un
mot, nous les emmaillottons afin de ne pas les
froisser et de ne pas déformer le plumage à l'état
naissant (fig. 3). Chaque sujet est introduit dans

FIG. 3.

une hotte en toile et à compartiments. Cette
hotte peut avoir 0^m,80 de hauteur sur 0^m,50 de
largeur et 0^m,25 à 0^m,30 de profondeur. Elle se
porte à dos d'homme avec des bretelles et a
des compartiments de 0^m,15 à 0^m,20 de hauteur
où chaque oiseau se trouve déposé comme dans
un tiroir de commode (fig. 4).

Si on fait une grande tournée, et qu'on ne
puisse rentrer que très tard après avoir déniché le matin, on a soin de donner à manger à
chaque oiseau deux fois au moins dans la
journée. On se procurera facilement quelques
petits de buses, de ramiers ou de grives qui
servent à alimenter les jeunes autours. La

chair devra en être délicatement choisie et
exemple de toute espèce d'impureté.

Comment doit-on nourrir l'oiseau *NYAIS?* —
La nature surpasse l'art, dit le SIEVR DE PISANY,
et pour ce qu'elle est parfaicte de soy mesme,

Fig. 4.

nous devons en approcher, nourrissant l'oyseau
nyais, au plus près de son naturel. Aussi don-
nons-nous la préférence à l'élevage, dit *au taquet,*
qui ne peut se pratiquer que dans les grandes
propriétés : On place dans un bel arbre, bien
touffu, une barrique défoncée d'un côté et placée

de travers, avec l'ouverture regardant le soleil levant ; devant, on fixe une planche servant à donner à manger aux oiseaux que l'on installe dans la barrique sur une espèce de nid artificiel, composé de tiges herbacées et de broussailles. Avant que les élèves soient complètement *allongés*, c'est-à dire avant qu'ils soient complètement emplumés, on doit les *paître* trois fois par jour : la première à huit heures du matin et non plus tôt afin qu'ils aient tout le temps de se *curer* et de se *percurer*, c'est-à-dire de rendre la petite boulette de détritus qui se forme dans la *mulette*, — on désigne ainsi le gésier des faucons ; — la seconde, à midi ; la troisième, à quatre heures du soir. La pâture sera toujours constituée par de bonnes viandes fraiches : telles que cœur de bœuf, filet de cheval, petits chiens nouveau-nés, etc.

Enfin, lorsque les oiseaux sont allongés et secs, on ne doit plus leur donner à manger que deux fois par jour : à huit heures du matin et à quatre heures du soir, en ayant soin qu'ils aient la gorge grosse comme un œuf de poule ordinaire. A ce moment, il est utile de ne plus hacher la mangeaille, afin qu'ils s'exercent à tirer sur la proie qu'ils commencent à tenir avec les serres.

Enfin, pour animer les oiseaux et les rendre légers et courageux, il faut les paître le plus souvent possible de chairs sanglantes et chaudes, telles que pigeonneaux, poulets, hirondelles, lapereaux, etc., en ayant soin d'amener à chaque repas des chiens de chasse,

avec lesquels ils doivent faire ample connaissance.

L'élevage *au taquet* empêche, dit-on, les oiseaux de piallier à l'instar de ceux qui sont
élevés dans les chambres. *Davantage s'essorant,*
c'est-à-dire étendant leurs ailes *et se baignant
en liberté, davantage ils se donnent du courage et
de la disposition et se rendent de plus beau pennage*
(lisez plumage). (Gommer.)

Aussitôt que les oiseaux commencent à s'é-
loigner et à jouir de leur liberté, il faut s'em-
presser de les reprendre pour les mettre au
dressage. On peut s'en emparer avec une *filière*
sur la planche où ils sont accoutumés de paître,
ou avec un filet au milieu duquel on met un
pigeon ou un poulet vivant. Nous donnerons
plus tard la description détaillée des filets servant à prendre les autours libres, et la manière
d'en commencer le dressage après la prise.

Tous les amateurs n'ont pas la facilité d'élever les autours *au taquet;* on peut alors, selon
sa commodité et ses besoins, les élever dans
des appartements ou des greniers, où on aura
préalablement soin de grillager les fenêtres
qu'on laisserait ouvertes pour établir une ven-
tilation nécessaire à la santé des oiseaux. On
installera dans ce milieu des perches, des
blocs garnis de terre ou d'herbe, un bassin
rempli d'eau fraîche, et on y entretiendra quotidiennement une propreté exemplaire.

De même que pour l'élevage au taquet, la
régularité dans les heures des repas est absolument nécessaire, et la distribution de la

nourriture se fera exactement de la même manière. On devra profiter de ce genre d'élevage
pour familiariser les oiseaux : on amènera
des chiens dans l'appartement ; on surveillera
leur manière de manger ; enfin on restera avec
eux le plus que l'on pourra, et on les habituera
petit à petit à reconnaître et à aimer la main
qui apporte la pitance. Les plus affamés s'en-
hardiront et viendront bientôt à la planche
pour choisir les plus gros morceaux ; on ex-
ploitera cette première marque de confiance
en les invitant à venir manger sur le poing
qu'on aura soin de garnir d'un gant de peau à
crispin afin d'éviter les déchirures et les égra-
tignures. Cet exemple sera bientôt suivi par
les farouches et les timorés, et les premières
leçons du dressage seront apprises en grandis-
sant, puisque c'est à qui aura l'honneur de
venir le premier sur le poing (affaire de gourmandise, bien entendu).

Pour compléter l'éducation du premier âge,
c'est-à-dire avant de commencer le dressage
des autours *nyais*, il est bon de leur faire connaître le vif, c'est-à-dire de leur faire tuer une
proie vivante et de la leur laisser *paître* à souhait. De plus, il est intelligent de choisir le
gibier qu'ils sont destinés à chasser. Je sup-
pose qu'on désire entraîner pour le lapin : on
peut glisser finement et adroitement un petit
lapereau vivant entre les pattes de l'oiseau
qu'il s'empressera, soyez-en sûr, de l'*empiéter*
avec joie. On l'aidera à lui faire la première
blessure en lui ouvrant le crâne avec un cou-

teau ; il se délectera avec une joie féroce en avalant la cervelle et sera tellement content, qu'il en deviendra reconnaissant ; c'est ainsi qu'il s'habituera à aimer et à attendre son maître qu'il prendra bientôt pour son indispensable collaborateur. Beaucoup d'oiseaux cherchent à fuir aussitôt qu'ils tiennent la proie, uniquement parce qu'ils ont peur qu'on la leur enlève. En les habituant de très bonne heure à se laisser aider, ils deviennent tellement familiers et aimables, qu'ils attendent toujours le fauconnier pour commencer la vivisection que nous engageons à faire par le crâne, uniquement pour empêcher la victime de souffrir.

Du *BRANCHIER*. — Nous avons dit que le *Branchier* était un oiseau qui commençait à voleter de branches en branches et qui était prêt à prendre l'essor et à chasser pour son propre compte ; aussi est-il très difficile à abattre, c'est-à-dire à amener à terre.

La meilleure époque pour s'en emparer est de la fin de juin au 10 juillet.

Il est naturel que plus on retarde l'époque, plus la prise devient difficile, mais aussi, plus l'oiseau est beau, fort, fier et courageux

Lorsqu'on a connaissance d'un nid d'autour et qu'on désire en avoir les oiseaux à l'état de *Branchiers*, je conseille les précautions suivantes : A partir du 15 juin, il faut surveiller le nid tous les deux jours au moins et le surveiller à distance avec une bonne jumelle.

A cette époque, les jeunes autours se tiennent
debout sur les bords du nid. Dès que vous aper-
cevez les oiseaux sur les branches de l'arbre,
vous pouvez commencer vos opérations. Il
faut d'abord être aidé d'un nombre de personnes
dépassant de deux le nombre des oiseaux : Si
vous avez trois oiseaux, il faut être cinq; si
vous en avez quatre, il faut être six. Voici le
poste de chacun : Supposons trois oiseaux à
abattre; à cent mètres de l'arbre, — celui-ci
servant de centre à un cercle, — trois hommes
se détachent en triangle de façon que chacun
puisse observer un oiseau; ces hommes doivent avoir la main gauche garnie d'un bon
gant à crispin, le quatrième homme est destiné
à monter à l'arbre, et enfin, le cinquième com-
mande la manœuvre en maintenant le silence
et la discipline par sa présence et son sang-
froid. Il a de plus à sa disposition quatre ou
cinq gaules de cinq à six mètres de longueur.

Le grimpeur a sur lui une filière comme pour
dénicher les Nyais; dès que ce dernier est arrivé près des *Branchiers*, voici généralement ce
qui se passe : Tous les oiseaux affolés de peur
s'envo'ent dans toutes les directions; les uns
parviennent à gagner les arbres voisins, d'autres s'accrochent aux premières branches ve-
nues, enfin il y en a qui filent à tire-d'aile;
ces derniers n'ayant pas encore la gymnastique
du vol, finissent par dévier vers le sol et, une
fois à terre, s'aidant des pattes et des ailes se
mettent à fuir avec une vitesse étonnante.

L'homme chargé de surveiller un pareil oiseau n'a qu'à le suivre des yeux d'abord et courir après lui pour s'en emparer. Dès que le jeune Autour se sent vaincu, il se met en défense avec ses serres en se couchant sur le dos. Il faut alors le saisir adroitement par les deux pattes et avec la main gantée; je dis adroitement parce qu'en pareille circonstance on ne peut le saisir théoriquement, on ne peut recommander aux hommes qu'une adresse générale ayant pour but de ne pas froisser le plumage de l'oiseau et surtout de ne pas le blesser.

Revenons à ceux qui sont restés dans les arbres. C'est à force de patience et à l'aide des gaules, que l'on fait parvenir au grimpeur par la filière, qu'on peut arriver à les abattre. Il faut quelquefois monter à plusieurs arbres pour fatiguer l'oiseau qui sent fort bien qu il est bien plus fort tant qu'il est perché On a vu de vieux *branchiers* de la mi-juillet ne se rendre qu'après bien dès heures de lutte et de poursuite, aussi faut-il toujours les assiéger de très bon matin.

On peut quelquefois les perdre en les suivant à la course et il est bon d'être accompagné d'un petit terrier qui, tout étant tenu en laisse, les dépiste en vous conduisant à la remise.

Ces oiseaux étant délicatement nourris par les *Hagards*, en liberté, ont besoin de grands soins dès qu'ils sont abattus.

Autrefois, on leur *cyllait* les yeux c'est à-dire qu'on cousait les paupières du *Branchier* pour l'empêcher de se débattre. Il est bien p'us simple de le chaperonner. Le chaperon est une espèce de bonnet en cuir plus ou moins orné et de couleurs vives (fig. 5). Lorsqu'il est destiné aux oiseaux non dres-sés comme ceux qui nous occupent en ce mo-ment, on le nom-me Chaperon de *rust*; il est alors sans aucun orne-ment.

Fig. 5.

Une fois qu'il est chaperonné, on le perche sur la cage.

La cage (fig. 6), comme l'indique la figure ci-dessous, est composée d'un rectangle bâti avec

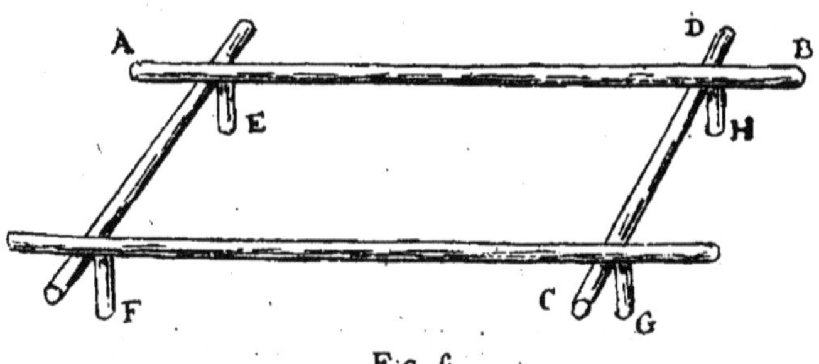

Fig. 6.

quatre perches rondes de 4 centimètres de dia-mètre. Les plus longues A, B, ont 1ᵐ,30.et les plus courtes C, D, 1 mètre. Intérieurement,

le rectangle mesure 1 mètre sur 70 centimètres. Les p'us longues sont montées sur

FIG. 7.

quatre pieds E, F, G, H, qui servent à poser la
cage à terre.

On peut démonter les quatre bâtis pour
voyager et on les remonte facilement en les
maintenant avec des boulons à tête ronde

serrés en dessous avec un écrou qui marche dans un pas de vis. Enfin, la cage se transporte avec des bretelles comme l'indique la figure ci-contre (fig. 7). Il est bon d'avoir derrière le porteur de la cage, un gamin destiné à relever les oiseaux qui tombent en route. *Et s'ils sont et les uns et les autres tempestatifs à outrance*, comme l'écrit le sieur de Gommer, *on leur jettera de l'eau par-dessus les mahuttes* (terme qui signifie le haut des ailes).

Il est bon d'attendre quelques heures avant de paître les *branchiers* et si, durant la route, certains oiseaux moins robustes ne pouvaient

Fig. 8.

supporter le cahot de la cage, il ne faudrait pas hésiter à les mettre sur le poing (fig. 8). L'eau sur les ailes est indispensable pour calmer les oiseaux turbulents, aussi faut-il en avoir toujours en réserve pendant le voyage.

Lorsque le premier feu, c'est à dire la première émotion, sera passée et que les *branchiers* sembleront paisibles, on essaiera de

leur offrir de la chair sanglante et chaude, du
pigeon par exemple; s'ils refusaient ce premier
repas en captivité c'est qu'ils seraient encore trop bouleversés. Il faut alors attendre
quelques heures et ne pas les forcer. Ils
ne mangeront que de meilleur appétit lorsqu'ils seront véritablement affamés. A ce moment psychologique on peut obtenir tout d'un
branchier. Il oublie qu'il a été libre et la gourmandise abat sa fierté et lui fait accepter l'esclavage. Faisons remarquer, en passant, qu'il
n'y a pas besoin d'être *branchiers* pour en faire
autant, quand on est né gourmand.

Les *Passagers* **et la manière de les piéger.**
— Tout amateur qui désire dresser des *passagers* doit savoir les piéger, ou doit s'adresser
à une personne bien compétente pour s'en emparer, car il faut être très habile pour faire
la prise d'un tel oiseau sans lui froisser le plumage.

Il y a plusieurs manières de piéger le *passager*. Nous allons commencer par décrire la
plus facile.

L'époque la plus propice est dans les environs de la Saint-Michel, c'est-à-dire fin
septembre. Si on a la chance d'en prendre
en octobre, les oiseaux sont encore plus rusés,
parce qu'ils sont plus âgés.

La place à choisir est celle où l'on aperçoit
les *passagers* en chasse; ainsi, dans les clai-
rières, le long des bordures des forêts, aux
environs des futaies où ont été élevés les jeunes

autours, on a quelque espoir de réussir en tendant les filets, dont le nom en vieux français est *ereignes* (fig. 9).

Chaque piègeur peut surveiller trois *ereignes*

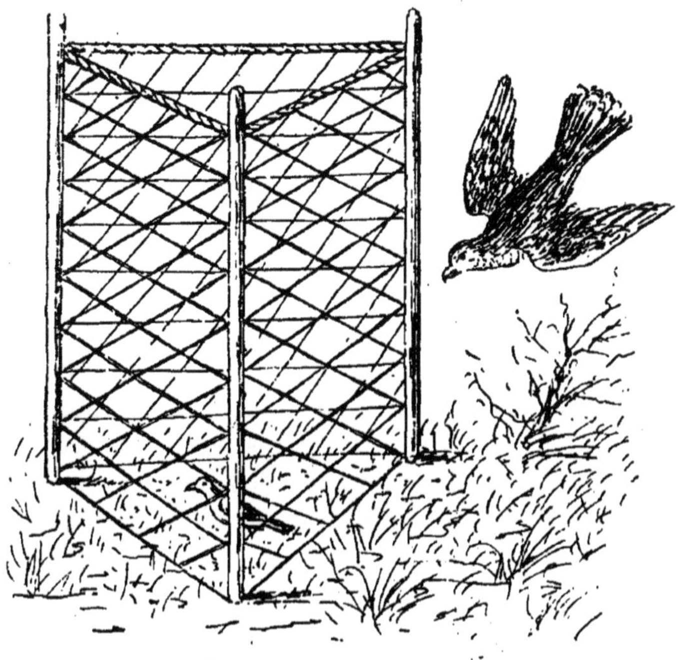

Fig. 9.

placées à cent mètres de distance les unes des autres.

Voici de quoi se compose l'*ereigne* et comment elle se tend :

Piquez trois perches droites de coudrier ou de houx sans être pelées, hautes de 2 mètres environ, disposées en triangle et de toute leur longueur. Le long de chaque perche, il faut faire, et en dedans, des crans du haut en bas tous les vingt centimètres environ. Vous tendez ensuite un filet teint en couleur cachou, de mailles larges de 0^m,04 centimètres environ. Ce filet mesurera 1^m,80 de hauteur et aura 6 mètres de largeur. Il sera fixé en dedans des perches et maintenu par les crans qui retiendront les mailles. Au milieu du piège on y mettra un pigeon vivant et bien remuant, auquel on attachera aux pieds de petits gêts de cuir avec un touret et un crochet fiché à un pieux bien enfoncé en terre, de façon que le pigeon puisse tourner en tous sens sans tordre ses entraves.

A un autre on essaiera un lapereau attaché par la patte. Enfin, si on veut réussir, il faudra tendre à l'aurore et détendre au crépuscule, car les *passagers* sont rares, méfiants et ne se laissent prendre que par des piègeurs habiles et patients. Il faudra donc s'éloigner de ces pièges et surtout se cacher, en se faisant creuser un abri à 200 mètres environ de l'*ereigne* du milieu, le faire couvrir de vieux fagots, en laissant trois ou quatre meurtrières pour surveiller à son aise. On prétend qu'une pie-grièche à côté du piègeur indique à coup sûr l'arrivée des passagers par une démonstration toute particulière, un cri d'alarme et une agitation extraordinaire donnant l'éveil au piègeur qui doit redoubler d'attention.

Lorsque le *passager* fond sur la proie, il descend avec une telle rapidité qu'il s'empêtre complètement : la tête, les serres sont prises

dans les mailles du filet, et il s'emprisonne de
plus en plus en se débattant. Le piègeur doit
lestement courir vers l'*éreigne*, la débarrasser
des bâtons et la couvrir d'un sac ou toute autre
couverture pour mettre le plus tôt possible
l'oiseau dans l'obscurité. D'autres fourrent
l'*éreigne* et l'oiseau dans un vieux chapeau à
haute forme, en prenant la précaution de laisser la queue dehors, de crainte de la froisser,
puis on porte délicatement ce précieux fardeau
à la maison la plus proche, ou on dépose le tout
dans un lieu où il fait une obscurité complète ;
c'est là qu'on chaperonne le passager avant de
lui enlever le filet dans lequel il est entravé.
Immédiatement après, on lui verse de l'eau
sur les mahusses et on lui présente à boire.
On prétend que la soif est tellement ardente
après une semblable secousse, que certains
captifs se rafraîchissent d'abord avant de son-
ger à leur nouvelle condition d'esclavage.
Après avoir donné les autres manières de piè-
ger, nous décrirons immédiatement l'affètage
de ces oiseaux.

Le dessin de la figure 10 représente la manière
de piéger les faucons pèlerins de passage. Je
la trouve excessivement intéressante pour les
autours, et je m'empresse, chers lecteurs, de
vous en faire la démonstration. Vous plantez
en terre deux perches de 5 mètres de haut,
P' et P'' espacées de 15 mètres et situées à
35 mètres de la hutte H, où se trouve le piègeur. Cette hutte est creusée dans la terre et
couverte de feuillage et de broussailles. A côté

de la hutte H se trouve une petite motte de terre V, sur laquelle se pose une pie-grièche P G. On l'installe sur un perchoir avec un réduit sur le dessous, où elle peut se cacher à son aise et à sa volonté.

Au point B, se trouve un bloc où se pose l'autour F (autour vivant attaché à la filière).

Au point R, se trouve un réduit où le pigeon d'appel P A peut se cacher dès qu'on le laisse en repos.

Au point H', réduit où est enfermé le pigeon de leurre, P L, qui ne doit sortir qu'au moment où on aperçoit l'*autour* à *prendre* à bonne distance.

Au point F se trouve un filet demi-circulaire *(Cow-net)* en communication à la hutte avec la filière I.

P. L, Pigeon de Leurre, sorti de la hutte H' et en communication à la hutte H (celle du piégeur) par la filière J, passant par le piton P, qui se trouve au centre du filet.

Voici maintenant la manœuvre à exécuter pour piéger un *passager*. Le pigeon P. L est dans la hutte H', il est enfermé et ne peut sortir que par une petite porte qui s'ouvre par la secousse imprimée en tirant la filière J.

Lorsqu'un oiseau de proie est dans la parages de la tendue, il est signalé par la pie-grièche qui remue et crie en regardant dans la direction où il arrive. Vous agitez alors le faucon d'appel en tirant et en laissant retomber la filière. Vous en faites autant avec le pigeon P A qui vole et reprend la route de sa hutte R, dès que la filière est relachée; puis, lorsque vous aper-

Fig. 10.

cevez le *passager* se diriger vers les appelants, vous tirez le pigeon de leurre P L hors de son réduit H'. Le *passager* fond sur lui comme une flèche, le lie et l'empiète, vous tirez alors le tout par la filière J jusqu'au piton P, vous

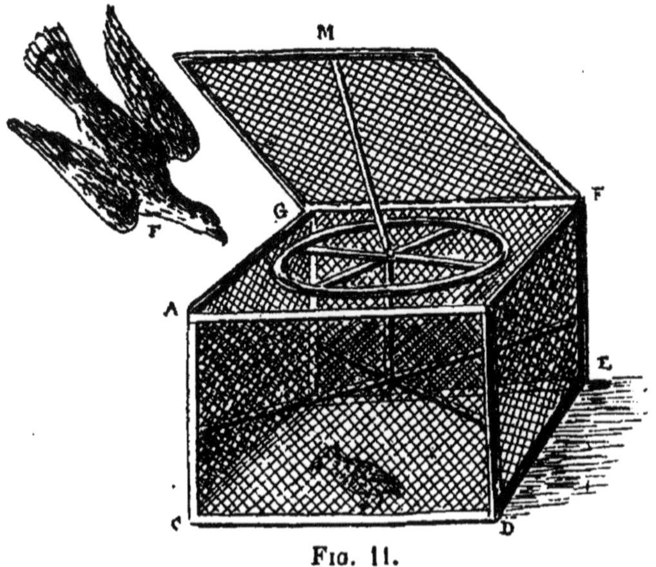

Fig. 11.

détendez le filet F par la filière I et les deux oiseaux sont pris.

Reste encore une manière que j'ai employée souvent et qui m'a toujours réussi pour prendre le père et la mère avec les petits. C'est avec l'instrument suivant qui se compose d'une cage, figure 11, dont les bâtis sont en bois et les faces en gros grillage à mailles de $0^m,05$. Les meilleures mesures sont A B et B F $0^m,80$ sur $0^m,80$ et A C $0^m,60$. Vous commencez par mettre pendant quatre ou cinq jours, la cage

au pied de l'arbre où se trouve le nid afin que
les parents s'habituent à la voir, puis vous
faites dénicher et vous installez les petits au
fond de la cage dans la partie A C, qui est à
double fond. Vous avez soin de leur donner à
manger et, selon leur âge, de les aménager con-
fortablement. Au centre du dessus du double
fond, c'est-à-dire au point N vous mettez un
bâton dont le bout soutient un simple cercle
de tonneau sur lequel vous clouez en croix
deux lattes ; puis, sur le point d'intersection
de ces lattes vous tendez un deuxième bâton M
qui soutient le couverc'e de la cage.

Lorsque l'oiseau arrive pour nourrir ses petits, il tourne bien des heures aux environs de
la cage, mais il finit toujours par se percher
sur le cercle de tonneau qui bascule par son
poids et qui fatalement fait tomber le couvercle
avant qu'il ait pu s'envoler. J'en ai pris souvent, mais seulement au bout de plusieurs
jours de tendue. Il faut alors avoir soin de
donner à manger aux jeunes matin et soir,
car le piège est trop grossier pour prendre du
premier coup des oiseaux aussi rusés. On peut
facilement avoir le père et la mère en s'empa-
rant du premier pris et en retendant la cage
pour le deuxième à prendre.

Il est tout naturel que les autours de passage
ayant vécu en pleine liberté, soient bien plus
rebelles au dressage que les *nyais* et les *branchiers*. Mais aussi lorsqu'on arrive à *les gagner*,
c'est-à-dire à les dompter, ils sont, comme le dit
l'auteur ancien, « bien plus rusés et plus plai-

sants voleurs. » Ils ont besoin d'être entourés de grandes précautions, ils sont plus sujets à craindre les chiens, à s'effrayer du trop grand bruit, à voler, et surtout ils ne doivent, dans les commencements, voler chaque jour de chasse, qu'un ou deux gibiers au plus.

Avant de passer à la manière d'affaiter les oiseaux, il est utile de décrire comment il faut s'y prendre pour les garnir.

On dit qu'un oiseau est armé, lorsqu'il a les entraves et le grelot. Les entraves comprennent les *jets*, les *vervelles*, la *longe* et le *courtrier*.

Les *jets* sont composés de deux pièces semblables, en cuir souple et passées autour des tarses, à l'aide d'un nœud bouclé. Chaque pièce doit avoir 25 centimètres de longueur environ (Voir la figure 12). Aux points A, B, C, le cuir est fendu. Au point C, la largeur est de 15 à 18 millimètres.

Il est facile d'écrire comme tous les auteurs anciens et surtout les modernes, que les jets sont passés autour des tarses à l'aide d'un nœud bouclé. En-

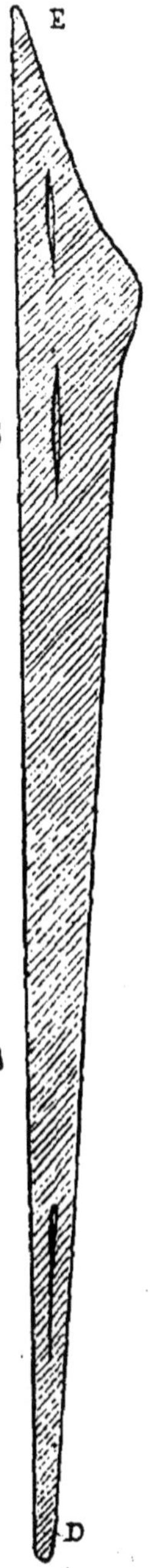

Fig. 12.

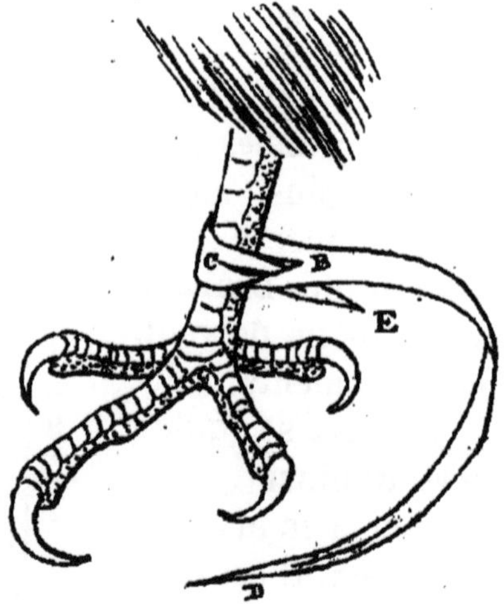

Fig. 13.

core faut-il savoir le faire ce fameux nœud
bouclé, aussi vais-je essayer de le décrire

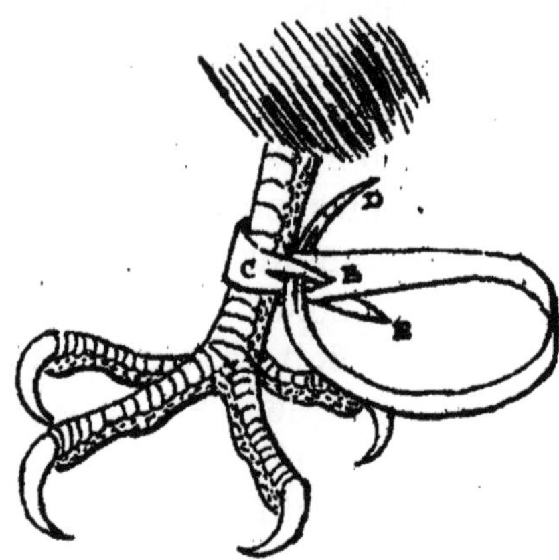

Fig. 14.

à l'aide de figures en décomposant les mouvements.

C'est la partie large du jet qui contourne le

tarse de l'oiseau (Voir fig. 13). Premier mouvement, on fait passer la pointe E, dans la
fente B, jusqu'au moment où les fentes C et B

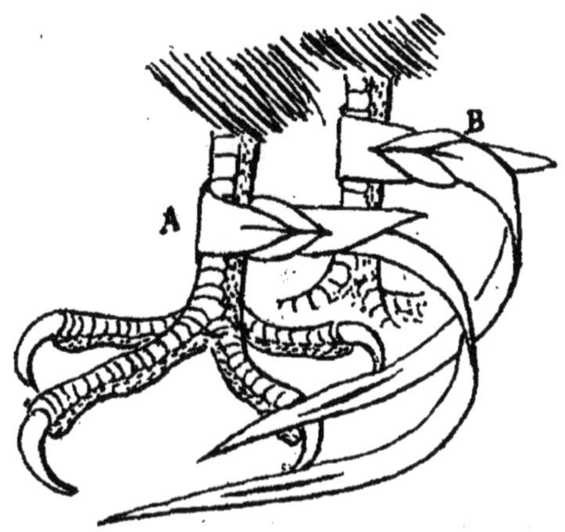

Fig. 15.

sont superposées, puis on fait passer la pointe
D dans les deux fentes C et B (voir la fig. 14);
puis on tire. Le nœud une fois fait à l'aspect
des figures A et B (fig.
15) en le regardant soit
en dessous (B) soit en
dessus (A). Il faut bien
se garder de passer la
pointe D dans la fente
C seulement : *c'est dans*

Fig. 16.

les deux fentes C et B à la fois, qu'il faut la
passer pour obtenir le véritable nœud bouclé
de la fauconnerie.

Les *vervelles* (fig. 16, grandeur naturelle),
sont de petits anneaux de cuivre unis et rivés

entre eux par un clou, de façon à pouvoir tourner l'un sur l'autre. Comme les vervelles s'attachent à l'extrémité des jets (fig. 17), nous allons décrire la manière de les attacher en décomposant les mouvements comme dans la description du *nœud bouclé*.

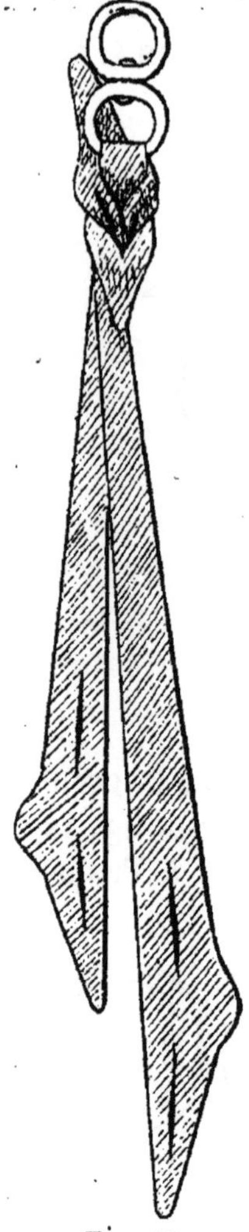

Fig. 17.

Avant d'attacher directement les jets aux vervelles, certains amateurs se servent du *courtrier* C C' (fig. 18) qui n'est autre qu'une petite lanière de cuir qui se passe dans les fentes A et A' des jets J et J' afin d'empêcher les jets de se tordre quand l'oiseau se débat. Quant à moi, je supprime très bien le *courtrier* et j'attache directement les jets aux vervelles.

Voici du reste, la manière de s'y prendre :

Les deux jets étant attachés aux tarses de l'oiseau par l'extrémité E E', (fig. 12) on les réunit à la vervelle par la pointe D D' (E' et D' correspondant au deuxième jet).

Premier mouvement (Fig. 19-1) : L'un des

jets entre dans l'anneau inférieur des vervelles.

2me mouvement (Fig. 19-2) : On ouvre la
fente A de ce même jet et on y fait passer
l'anneau supérieur.

3me mouvement (Fig. 19-3) : On tire la pointe
D de haut en bas et on a
le nœud complet du pre-
mier jet.

4me mouvement (Fig.
20-1) : On passe la pointe
D' du deuxième jet dans
la fente A du premier jet.

5me mouvement. (Fig.
20-2) : On ouvre la fente
A' du deuxième jet et on
y fait passer l'anneau supérieur des vervelles ;

6me et dernier mouvement (Fig. 20-3) : Après
avoir fait passer l'anneau
supérieur des vervelles
dans la fente A', on y fait
passer l'inférieur, c'est-à-
dire toutes les vervelles et on a le nœud d'attache complet.

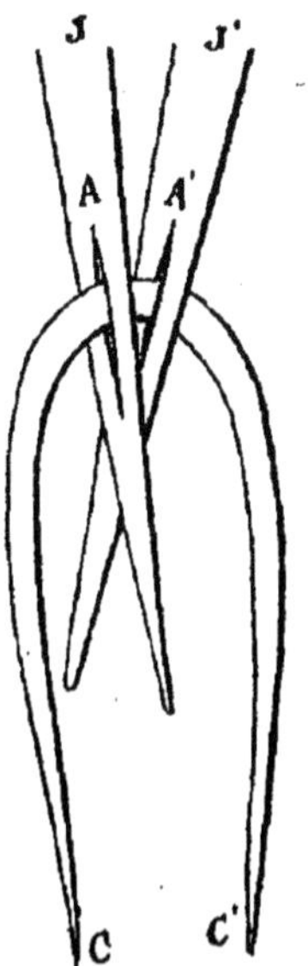

Fig. 18

Si on désire retirer les vervelles, on tire sur
les extrémités D et D' et les nœuds se décom-
posent immédiatement.

Une fois les vervelles attachées aux jets, on
passe la longe dans l'anneau supérieur ou
libre. La longe est une lanière de cuir souple
d'environ 0,90 centimètres de longueur, elle

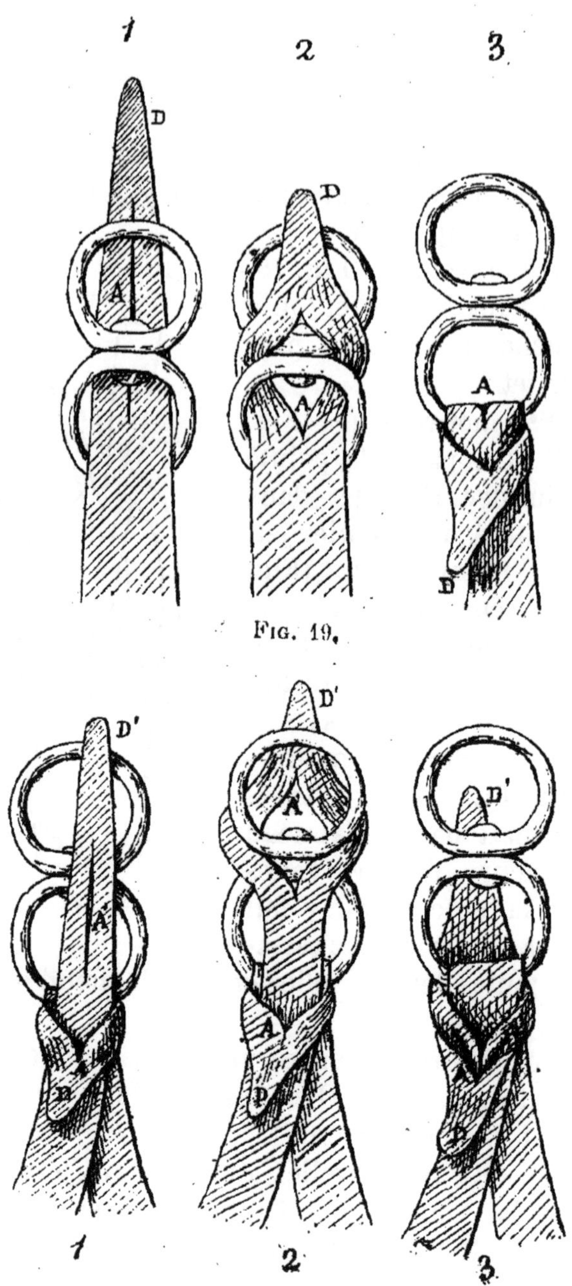

Fig. 19.

Fig. 20.

sert à mettre l'oiseau à l'attache soit à la perche soit au bloc. Au milieu de la longe se trouve une fente indispensable à cet usage.

Il est inutile d'en faire la déscription. Les dessins que nous allons offrir à nos lecteurs suffiront pour leur faire comprendre comment on installe un oiseau à la perche. Ces dessins sont copiés d'après un ouvrage chinois et représentent toutes les positions qu'un autour est susceptible de prendre suivant les impressions qu'il ressent.

Fig. 21. — Autour à la première mue, ayant
le plumage transversal et longitudinal. Cet oiseau a une patte dans les plumes, les ailes
tendues et le bec ouvert, ce qui signifie qu'il a
faim ou qu'il est en état de défense.

Fig. 22. — Jeune autour avant sa première
mue. Vous remarquerez que le nœud de sa
longe est fait d'une manière toute différente.

Fig. 23. — Autour à la première mue, ayant
aussi une patte dans les plumes. Sa pose indique un signe de bien-être, de bonne santé
et de contentement. Le nœud de la longe est
encore changé.

Fig. 24. — Oiseau qui cherche à déraidir ses pattes et à étendre ses ailes pour se délasser; ce sont les préliminaires de sa toilette qu'il fait en passant toutes ses grandes plumes dans son bec. Le nœud de la longe a encore un autre aspect.

Fig. 25. — Autour en colère cherchant à se
défendre ou à attaquer. Lorsque sur la même
perche ou place, un oiseau, qu'il ne connaît
pas, ou qu'un chien qui ne lui est pas familier,
passe près de lui, vous le voyez prendre cette
allure inquiète et méfiante. Encore une nouvelle manière d'attacher la longe.

Fig. 26. — Oiseau cherchant à s'envoler.
Nœud de la longe différent.

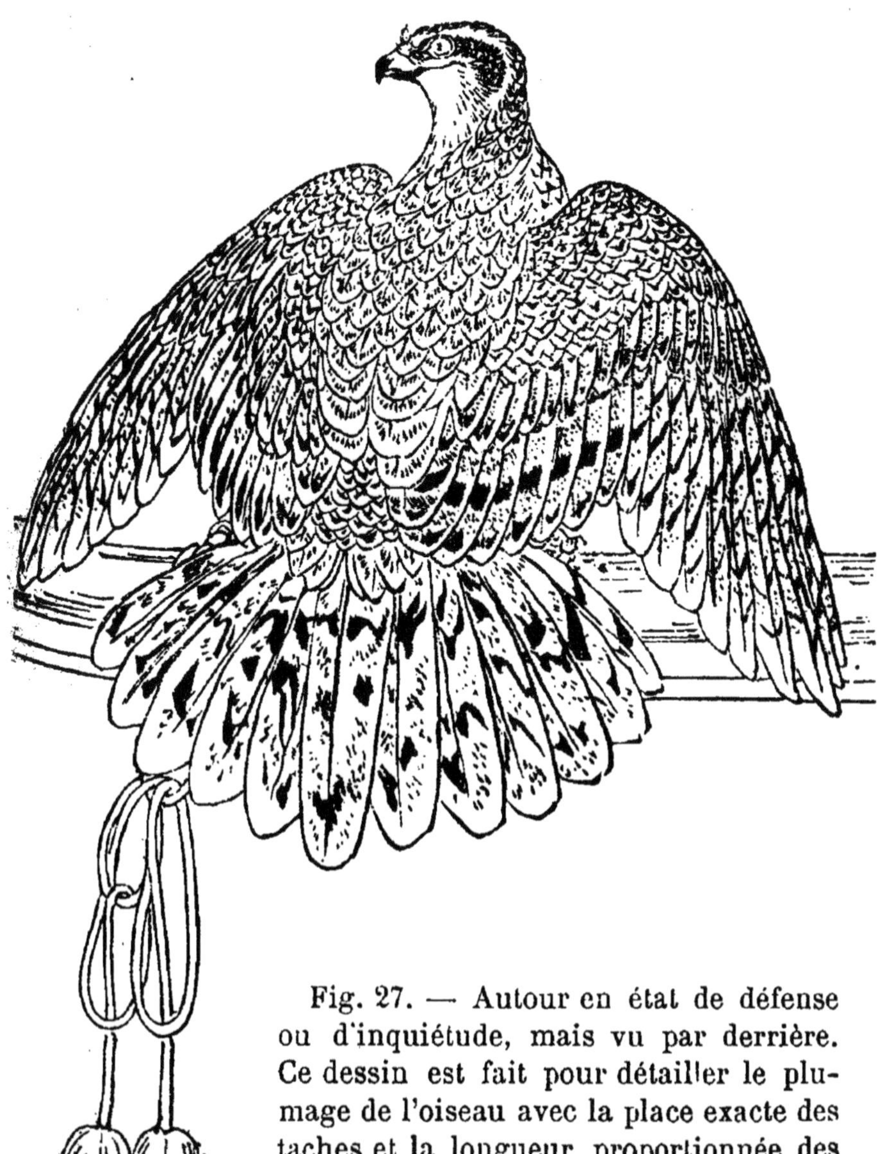

Fig. 27. — Autour en état de défense
ou d'inquiétude, mais vu par derrière.
Ce dessin est fait pour détailler le plumage de l'oiseau avec la place exacte des
taches et la longueur proportionnée des
plumes les unes par rapport aux autres.
Je considère cette observation des plus
intéressantes ; elle n'a jamais été décrite par aucun auteur européen, et, à elle seule, elle démontre le degré de
perfection qu'apportent les Chinois dans leurs saisissantes
démonstrations.

Fig. 28. — Autour en train de faire sa première mue. Au repos et après le repas ; il a la patte en plume et est en béatitude. Toujours un nœud différent.

Fig. 29. — Oiseau avant sa première mue, installé sur une perche de luxe. Je vous prie de remarquer qu'une toile est suspendue à cette perche et qu'elle sert à empêcher l'autour de prendre sa longe lorsqu'il se débat. Il est ainsi forcément obligé de remonter du côté où il est descendu, sans quoi il se pendrait par les pattes, tordrait ses entraves et périrait. Les vervelles ont une forme plus artistique. Le nœud de la longe a une forme très originale.

Fig. 30. — Jeune autour nyais, installé nouvellement sur la perche. On peut remarquer son hésitation assez naturelle pour ses premiers débuts.

Ces oiseaux ont tous le courtrier formant trait-d'union entre la vervelle et les jets.

Nous ne pouvions mieux faire pour nos lecteurs. Les descriptions sont indispensables et un dessin remplace avantageusement une explication technique si difficile à exposer, et qu'il est impossible de passer sous silence lorsqu'on désire réveiller un art disparu depuis longtemps. Ce sont ces milles riens qui arrè·tent souvent les amateurs les plus tenaces, et les leçons à demi-exposées forment toujours les faux savants qui font du sport le plusattrayant un plaisir sans correction et sans méthode.

Il ne reste plus, pour armer complètement l'oiseau que de lui mettre *les sonnettes :* ce sont des grelots ronds et gros comme des noisettes, aussi légers et sonores que possible ; on les fixe autour du tarse à l'aide d'une petite jarretière de cuir que l'on place au-dessus du nœud des jets ; on en met un à chaque pied, ou un au pied gauche seulement.

Affaitage de l'Autour. — L'Autour nyais n'a pas besoin d'être chaperonné, son affaitage se prépare insensiblement en même temps que l'élevage et la régularité dans la nourriture, on arrive facilement par la douceur et la patience à l'amener à manger sur le poing. Voici du reste comment il faut s'y prendre : on commence par garnir la main gauche d'un bon gant à Crispin, puis on saisit l'oiseau par la longe avec la main droite, et on le maintient sur le poing gauche. Quelques sujets sont souvent très récalcitrants, se débattent, piaillent et se raidissent contre votre volonté. De la patience et de la gentillesse vous conduisent facilement à bout de ce dernier acte de désespoir, l'oiseau finit par se maintenir sur le poing et se calme dans la première demi-heure ; il faut alors le conserver dans cette position le plus longtemps possible, car le meilleur moyen de l'accoutumer à l'homme, c'est de le porter sur le poing ; or, dès qu'il y sera habitué, c'est-à-dire au bout de 2 ou 3 jours, vous lui glisserez une patte de lapin entre les deux pieds que vous maintiendrez solidement avec la main. S'il a faim, il tirera sur la viande ; si son appréhension n'est pas encore vaincue, vous attendrez tranquillement et dès qu'il aura faim, il se mettra à manger.

Les oiseaux de poing sont assurément ceux qui connaissent le mieux leur maître et se souviennent très bien des bons et des mauvais procédés qu'on est susceptible d'employer à leur égard. Caressez-les donc souvent pour les captiver et acquérir leur confiance et, lorsque vous remarquerez que l'oiseau commence à vous reconnaître et à chercher à manger sur le poing, vous lui donnerez, comme on dit en fauconnerie, *plus de créance en le réclamant avant que de paistre*. Cette deuxième phase du dressage ne se commencera qu'après avoir porté l'oiseau sur le poing quatre ou cinq heures par jour pendant quinze jours environ ; durant ces quinze jours, vous devrez être très

régulier pour les heures de nourriture et donner à manger, un jour bonne gorge et le lendemain demi-gorge, c'est-à-dire un jour avec le
jabot gros comme un œuf de poule et le lendemain gros comme un œuf de pigeon. Ce repas
se fera le matin entre neuf et dix heures.

L'après-midi et vers la fin du jour, on donnera à l'oiseau quelques beccades, c'est-à-dire
de petites becquées de la grosseur d'un petit
pois. En le portant sur le poing et en lui donnant d'heure en heure une petite beccade, on
l'apprivoisera davantage et on lui inculquera
l'amour de son maître. Or, quand l'oiseau commencera à vous reconnaître et à manger sur le
poing d'assurance, vous lui donnerez encore
plus de créance *en le réclamant avant que de
paistre*, comme je l'ai déjà dit plus haut : la
première fois, vous le réclamerez de la longueur de la longe, en lui offrant à manger,
toujours sur le poing. C'est incontestablement
le premier pas qui coûte et le plus difficile à
franchir. Après quelques minutes de patience,
vous en aurez la jouissance et le cœur net ; la
gourmandise prendra le dessus et il sautera
sur le poing ; vous attacherez alors une filière
à la longe et vous irez en plein champ dans un
endroit sans arbre et sans broussailles, afin
d'être entièrement à votre aise et vous le réclamerez d'un mètre de filière en plus de la longe ;
puis, s'il a bon appétit et bonne volonté, vous
recommencerez en augmentant la distance, et à
chaque fois qu'il aura obéi vous lui laisserez
prendre quelques beccades. Vous augmenterez

sensiblement et quotidiennement la longueur de
la filière qui doit avoir de 25 à 30 mètres environ et, au bout quelques leçons, l'oiseau sera
suffisamment instruit pour venir à commande-
ment, manger sur le poing. Au bout de quinze
jours, l'oiseau doit être complètement dressé à
venir manger sur le poing ; il doit suivre son
maître absolument comme un chien et venir
prendre la beccade à n'importe quelle distance,
fusse même à 3 ou 400 mètres. Il faut avoir
soin, pour réclamer l'oiseau, d'avoir toujours
le même costume, la même coiffure et le même
signal d'appel : les uns crient, d'autres sifflent,
tout est bon, à la condition d'être démonstratif.

Lorsqu'on aura des Passagers ou des Hagards
à entraîner, on ne les fera venir au poing
qu'une fois par jour craignant de les impor-
tuner, en tenant compte surtout de leur humeur et de leurs dispositions. On prendra bien
soin de ne pas les effaroucher en les faisant
travailler à proximité de bruits qu'ils ne connaissent pas.

Il faut beaucoup de patience et de temps
pour dresser un Hagard à se familiariser aux
chiens et aux objets qu'il n'a pas l'habitude de
rencontrer à l'état sauvage. Aussi, comme en
liberté ils ne prennent qu'une fois par jour, il
est utile de ne pas les harasser au dressage et
de se contenter de les faire venir au poing
pour leur unique repas. Encore faut-il s'entourer de grandes précautions pour ne pas les
voir partir avec la filière et essayer de prendre
la *poudre d'escampette.*

Fig 31. — Fauconnier faisant venir l'Autour au poing
ou *le réclamant*.

En général, tous ces oiseaux se familiarisent aisément avec les animaux qui vivent autour d'eux, les chats, les chiens, les chevaux ; les allants et venants deviennent des distractions avec l'habitude et tel chien qui vit au milieu d'eux ne les incommode nullement pendant le dressage. En chasse, il devient souvent un précieux auxiliaire et un habile collaborateur. Il n'en est pas de même des étrangers. Méfiez-vous dès que votre oiseau manifeste une surprise ; il commence par faire entendre un petit cri sec qui ressemble à celui d'une grive, c'est son cri d'alarme, puis, il a l'air inquiet, s'agite en ouvrant le bec à demi et, finalement, cherche à se sauver ; voilà pourquoi nous recommandons spécialement cette première partie du dressage qui est, pour ainsi dire, la grammaire de son éducation.

Un oiseau qui vient bien au poing, qui ne se plaît que sur le poing et qui reconnaît bien son maître pour son ami, son protecteur au besoin, est appelé à donner de grandes satisfactions ; soignez donc avec méthode ces indispensables et importants préliminaires ; soyez réguliers pour les leçons, les repas, et chaque fois que vous prendrez l'oiseau à la perche pour le mettre sur le poing, ne le faites jamais sans lui offrir une petite beccade en signe de récompense et de bonne amitié. Si vous le mettez sur la perche, il ne doit rien recevoir. Dès que vous le prenez, il doit avoir de quoi satisfaire sa gourmandise ;

et à force de faire le même manège il ne connaîtra plus que vous, ne vivra plus que par vous et ne pourra plus se passer de vous. Tout son être vous appartiendra.

Voilà en somme tout le secret de l'autourserie, le reste étant l'exploitation des habitudes et du naturel de l'oiseau.

Tout art, quel qu'il soit, doit avoir un idéal. Si les commencements du dressage sont utiles et même indispensables, la fin doit être le but suprême et le couronnement de l'œuvre. En effet, c'est déjà un grand pas de fait que d'avoir obtenu d'un oiseau les rudiments d'une civilisation. Entre un sujet qui ne vit que dans les profondeurs des hautes futaies et qui sillonne les airs en se balançant sur ses voiles, et un autre qui vient manger au poing, au milieu des chiens, des chevaux et des bruits divers de la campagne, il y a tout un monde, toute une révolution opérée; mais cela n'est rien en comparaison du véritable résultat : la prise du gibier en pleine liberté.

L'Autour peut être dressé indistinctement au poil ou à la plume. Son gibier de prédilection est sans contredit le Lapin. La prise du Lièvre est plus difficile et mérite certains conseils indispensables à mettre en pratique pour réussir. Quant à la plume, l'autour vole la perdrix, la corneille, le faisan, le coq de bruyère, le canard, la pie, etc. Nous donnerons une explication pour le vol de la plume en général qui pourra servir pour toutes les espèces ci-dessus; l'expérience fera le reste. Cependant, sachez qu'il faut entraîner l'oiseau sur le gibier que vous avez l'intention de lui faire voler.

Nous avons dit que pour passer à la deuxième phase du dressage, il fallait que la première fût apprise d'une manière irréprochable. Ceci posé, nous allons commencer à décrire la façon de faire connaître le vif à l'autour, c'est-à dire de lui faire faire connaissance avec la proie vivante.

Vous prenez une tête de Lapin toute chaude et toute sanglante que vous offrez à l'oiseau à la place de son repas habituel; vous fendez le crâne de la victime et vous le laissez se dé-lecter avec férocité en savourant la cervelle, son morceau favori. Le lendemain, vous en faites autant, mais en ne lui donnant que la valeur d'une demi-gorge, à peine de quoi y goûter; vous lui continuez pendant ces deux jours son entraînement quotidien, puis, le troisième jour, vous mettez un lapereau de garenne dans une boîte dont vous ouvrez le couvercle au moyen d'une filière. Vous cachez la boîte dans un champ, dans un trou ou derrière une motte de terre. Vous avez soin préalablement de mettre au Lapin une petite filière de cinq à six mètres retenue près de la boîte par un piquet fiché en terre. Vous ap-prochez tout doucement près de l'endroit où se trouve la proie vivante en ayant soin d'en-lever à votre autour la longe et les vervelles et en ne le maintenant sur le poing que par les jets. En tirant la filière qui communique avec la boîte, vous faites glisser le couvercle ;

le Lapin se précipito dehors et au même instant
l'autour le couvre de ses ailes et le saisit dans
ses serres. Laissez-le manger cette victime sur
place, aidez-le au besoin en ouvrant le crâne
pour lui faire manger la cervelle. Pour la première fois qu'il fera connaissance avec le vif,
je suis d'avis de lui en laisser toute la jouissance.

Certains autoursiers prétendent le contraire;
j'ai le regret de ne pas être de leur avis. Il
m'est arrivé d'avoir des oiseaux restés froids à
cette première leçon et j'ai eu raison de ne pas
désespérer, car j'en ai fait depuis des chasseurs
émérites. Il faut de la patience et de l'observation. Une gorge mal réglée, une indisposition
passagère, un caprice même, sont susceptibles
de contrarier de légitimes espérances ; mais ce
qui effraye souvent un jeune élève, c'est lorsqu'on essaie de lui faire chasser une proie trop
grosse. A l'état sauvage, les jeunes autours
commencent par prendre des lapereaux, des
levrauts et des perdreaux qui volent lourdement;
ils ne deviennent ensuite hardis et rusés qu'a-
près avoir acquis un entraînement par la pratique de la chasse. Dans le dressage, c'est absolument la même chose; il ne faut pas rebuter
les oiseaux, il faut au contraire leur donner
insensiblement des gibiers de grosseur gra-
duée; voilà pourquoi je recommande de commencer les premières leçons avec des Lapereaux, car j'ai remarqué que de jeunes oiseaux
paraissaient souvent hésitants lorsqu'il s'agis-
sait d'empiéter des Lapins adultes et de pre-

mière vigueur. Ainsi, des Autours dénichés fin juin peuvent prendre Lapereaux et Perdreaux en août et devenir, en septembre, des chasseurs assez expérimentés pour ne jamais manquer un vieux lapin en futaie et une perdrix de premier vol en plaine.

Revenons à notre dressage.

Le deuxième jour, demi-gorge de lapin avec l'exercice sur le poing.

Le troisième jour, le Lapereau devra être choisi un peu plus fort et ne pas être attaché du tout. La distance entre la boîte et l'oiseau sera un peu plus grande que le premier jour.

Le Lapin s'échappera comme la première fois et aura le même sort que son prédécesseur. L'autour devra *s'en paître* à cœur joie et on prendra avec lui les mêmes précautions qu'à la première leçon.

Le quatrième jour, demi-gorge de Lapin avec l'exercice au poing comme toujours.

Le cinquième jour, plus gros lapin et plus grande distance.

Enfin on sacrifiera à ce dressage une dizaine de lapins et on partira au bois pour voler pour de bon, c'est-à-dire pour prendre un vrai lapin, soit en futaie, soit en jeunes ventes ou même au terrier avec un furet. Au terrier, en terrain bien découvert, l'autour hésitera peut-être à poursuivre quelques gros lapins pour commencer et réussira mieux sur les lapereaux ; mais au bout de quelques jours il deviendra tellement habile qu'il n'en manquera plus un seul, il partira de votre poing avant même que vous ayez seulement eu le temps d'apercevoir le lapin et l'empiétera gaillardement, vous le verrez piétiner avec joie sur ce martyr, lui enfoncer ses serres jusque dans les profondeurs des chairs et finalement le tuer avant même de l'avoir attaqué avec le bec.

Il ne faut jamais harasser votre oiseau; il faut vous contenter, pour commencer, de lui faire voler quatre ou cinq pièces au plus. En général il ne faut pas aller à plus de dix ou douze lapins par chasse avec les oiseaux les mieux entraînés.

On ne doit chasser que tous les deux jours avec le même oiseau. La veille de la chasse, on lui réglera sa gorge afin qu'il puisse avoir bon appétit le jour de la *Volerie*.

Lorsque l'autour aura empiété son premier lapin, on s'approchera avec précaution et toujours en face de lui. Gardez-vous de l'effrayer en arrivant par derrière; il vous connaît, il vous aime, il sait qu'il est votre esclave et que vous allez lui être agréable; laissez-le jouir à son aise, ouvrez le cou de la victime avec un couteau et aidez-le à prendre quelques petites beccades; puis, en mettant la main droite sur le lapin, présentez-lui *le tiroir* sur la poing gauche (on nomme ainsi une cuisse de lapin ou une aile de pigeon dont on se sert pour réclamer l'oiseau). Si ses serres sont profondément engagées dans la peau ou qu'il désire continuer le plaisir de la possession, dégagez adroitement les serres du derrière, tirez le lapin sans brusquerie et enlevez l'oiseau sur

Fig. 32.

le poing. Toute cette opération qui, à première vue, n'a l'air de rien, est pourtant très sérieuse et a besoin d'une certaine habilité. Un oiseau brusqué, mal mené à la prise, n'a qu'un soucis, c'est d'emporter sa proie ou de la *charrier*, comme on dit en terme de fauconnerie, tandis que s'il sait que vous êtes un collaborateur, il sera tout heureux de vous attendre et de vous faire partager sa joie.

On devra aussi laisser reposer l'oiseau entre chaque vol et le laisser paître sur place sur sa dernière prise. C'est le moyen d'avoir de bons oiseaux, car rien n'est comparable au vif pour maintenir un oiseau en bon état.

Lorsque vous désirez chasser le lapin en futaie ou en jeunes ventes, il vous faut ou un traqueur qui tape sur les broussailles, ou un chien qui l'arrête ou le fasse lever. Ce chien doit être l'ami de l'autour, ils doivent se connaître au logis d'abord, puis à la promenade, et ensuite à la chasse. Si c'est un chien d'arrêt qui ne courre pas le lapin, le dressage est chose facile, mais si c'est un pisteur à voix, genre cocker par exemple, il faut une intimité très réelle entre le chien et l'autour et, lorsqu'elle existe, elle rend de très grands services, surtout pour les lièvres, car l'autour n'a plus peur du chien et il sait très bien qu'il chasse avec lui pour arrêter la proie qui se débat et cherche à se débarrasser de ses entraves.

Lorsque j'ai pris mon premier lièvre, j'avais très peu d'expérience, je chassais avec deux oiseaux et un chien ; je savais qu'il ne fallait jamais laisser paître deux autours ensemble sur le même gibier et j'avais recommandé à mon compagnon d'attendre son tour pour le vol de son oiseau.

Tout d'un coup, un lièvre nous part dans une pièce de vert, le chien le courre à voix et les deux autours partent à sa poursuite avec le chien. A trois cents mètres, les deux autours, le chien et le lièvre ne faisaient plus qu'une masse roulante et culbutante. Nous approchons et, à ce moment, un des autours lâche la victime et va se brancher à quatre cents pas. L'autre reste dessus et le chien les regarde avec satisfaction. Il avait cassé les reins du capucin, le brigand, et son compagnon qui l'empiétait le savait bien. Nous avons fait paître l'autour d'une forte gorge et en présence du chien couché à ses côtés. Depuis ce moment, ils ont toujours chassé ensemble et ont acquis sur le lapin une rouerie mutuelle. Ils s'entendent comme deux coupeurs de bourses : il y en a un qui allume et l'autre qui fume et, à l'heure présente, ils ne manquent jamais un lapin.

J'ai oublié de vous dire qu'à ma chasse au lièvre, mon autre autour qui s'était branché à quatre cents pas sur un pommier, avait été très impressionné. Lorsque j'arrivai pour lui présenter *le tiroir* et le faire venir au poing, il s'enfuit et s'éleva très haut dans les airs, et je lui adressai un dernier adieu en le suivant tristement du regard, lorsque je le vis baisser et se brancher à nouveau sur un grand arbre.

Je mis un pigeon vivant à une longue filière et je l'excitai au leurre à une centaine de mètres environ. Il fondit sur la proie et revint au poing à ma grande satisfaction, comme vous le pensez bien.

Pour la chasse au terrier avec le furêt, il y a quelques petites précautions à prendre : il faut d'abord que l'oiseau et le furêt fassent connaissance, car le premier empiéterait le second comme un vulgaire jeannot. Une fois que l'autour a compris son devoir et qu'il ne do t pas faire de mal à son collaborateur, il ne tarde pas à vivre en bonne intelligence avec lui.

De plus, il peut arriver et il arrive même souvent, qu'un lapin, sortant de la garenne, est empiété par l'oiseau au moment où il rentre dans un autre trou et que la patte de l'autour s'est enfoncée dans le terrier en tenant le lapin ; approchez-vous de l'oiseau avec précaution, toujours en face comme je l'écris plus haut, mettez un genou en terre et passez adroitement votre main droite dans le terrier ; saisissez le lapin et sortez-le doucement en laissant voir à votre oiseau combien vous l'avez aidé dans une circonstance si difficile et surtout si embarrassante. Au commencement de mes chasses, je croyais ce fait des plus rare ; mais, depuis, j'ai constaté qu'il se présente fréquemment dans les endroits où le terrain est miné par les terriers.

Il arrive aussi qu'un oiseau qui a manqué un lapin, se branche sur un arbre voisin. Ne lui tolérez jamais ce poste d'observation et réclamez-le immédiatement avec *le tiroir*. S'il refuse et qu'il se mette une patte en plume en secouant ses ailes en signe de satisfaction, continuez à le réclamer avec patience, appelez-le en courant et en vous éloignant de lui ; enfin, si, après avoir usé tous les moyens conciliants, il persiste à ne pas redescendre, il faut le réclamer au leurre ou à la proie vivante sur le poing ou au bout de la filière.

Ce sont des moyens que je conseille de n'employer qu'à la dernière extrémité, car l'oiseau docile doit toujours revenir au poing, lorsqu'il est réclamé par le fauconnier.

Le leurre dont nous parlons ci-dessus et dont nous avons déjà parlé plus haut est un simulacre d'ailes de volailles attachées sur une petite planchette garnie de rubans rouges et sur laquelle on attache la viande qui sert à réclamer les oiseaux de haut-vol. Ceux-ci reviennent au leurre et les oiseaux de bas-vol au poing. On attache généralement cet instrument à un cordeau de quelques mètres et on le fait tournoyer au dessus de la tête en invitant l'oiseau à descendre. Si, malgré tout, il ne répond pas à votre appel, c'est qu'il est en mauvaise disposition. Il ne vous reste plus qu'à l'attendre et si, enfin, vous êtes surpris par la nuit, laissez-le coucher à la belle étoile, il ne bougera pas et le lendemain, à l'aurore, soyez-là pour le réclamer, il descendra immédiatement pour manger.

Ce fait ne se passe qu'avec des oiseaux d'un dressage imparfait ou en mauvais état de santé,

Vol du Lièvre. — Certains auteurs prétendent que pour faciliter la prise il est utile de
garnir les pattes de l'autour de petites bottes
de cuir, et d'autres conseillent même des épe-
rons à l'instar de ceux dont sont armés les
coqs de combat. Ce dernier moyen me semble
complètement inutile et ne mérite même pas
les honneurs d'une simple discussion. Il n'en
est pas de même du premier qui a sa raison
d'être pour la chasse en forêt, et la preuve,
c'est qu'un hagard qui, en liberté, a acquis
l'habitude de chasser le lièvre avec succès, a
toujours les pieds déchirés par les épines et les
broussailles ; la queue et les ailes complètement avariées aux extrémités.

Un autour pris au piège et qui a tout son
plumage bien frais et sans tare, *n'est jamais un
voleur de lièvre.* — Il faut être témoin des luttes
homériques, des efforts inouïs des deux ennemis pour pouvoir juger de la force et du courage qu'il faut à un autour pour arrêter un
grand lièvre. Ne croyez pas que ce dernier se
rende comme un vulgaire lapin ; il est naturellement doué d'une force musculaire peu commune, et il a surtout un coup de reins qui
l'aide à se débarrasser de celui qui l'attaque ;
aussi, lorsqu'il est empiété même de la bonne
manière, c'est-à-dire une serre sur la tête et
une sur l'épine dorsal, son mouvement ins-
tinctif est de bousculer son agresseur, tout en
l'entraînant dans les épines et les broussailles.
A l'instar d'un cavalier vissé sur sa selle, l'autour se tient les ailes ouvertes comme s'il était

sur un cheval emporté, et si la victime ne se rend pas par la douleur causée par les serres, l'autour dégage un pied et s'accroche aux épines, aux ronces, aux herbes et même aux branches pour mettre un terme à la fuite de son fougueux coursier.

En tenant compte de ces observations, voici comment il faut s'y prendre pour entraîner l'oiseau :

Il faut choisir premièrement une très forte femelle, bien fière et bien armée et de grand courage, et enfin ne l'entraîner absolument que sur le lièvre, afin de l'habituer à cette chasse difficile et périlleuse.

On commence naturellement les premières leçons avec des levrauts et de gros lièvres, auxquels on aura préalablement coupé le jarret à une patte de derrière. Ces proies d'escap se défendent avec énergie et habituent l'autour aux difficultés et aux ruses qu'il doit bien connaître pour réussir.

Les levrauts s'arrêtent facilement, mais les gros lièvres au jarret coupé font des bonds énormes et sont pour l'autour des gibiers avec lesquels il faut déjà compter, puisque certains élèves se rebutent et hésitent à empiéter un animal aussi robuste ; voilà pourquoi il faut bien graduer les leçons et ne pas se hasarder à aller trop vite.

C'est après avoir compté plusieurs victoires qu'on peut permettre aux élèves l'attaque en liberté, et encore la réussite est-elle problématique.

Fig. 33.

En plaine, dans les pays giboyeux, on peut,
avec des chiens dociles et bien dressés, faire
lever les lièvres et les faire voler par les autours. C'est à l'autoursier à juger de la distance
et de la grosseur des proies. La difficulté ne
devant s'accentuer qu'avec mesure et gradation, c'est après des succès incontestés qu'on
peut se risquer à voler au bois.

En futaie et dans les lignes de forêt, le lièvre
est souvent très facile à empiéter ; il se lève
généralement très près, se dérobe à la sour-
dine ou enfile une tranchée d'un bout à l'autre
et donne à l'attaque une certaine aisance à
l'oiseau ; mais s'il est facile à saisir, il n'en est
pas de même pour le prendre, car aussitôt
couvert, il entraîne l'oiseau dans les broussailles pour essayer de s'en débarrasser.

Un autour qui vole bien le lièvre en forêt,
n'a jamais un beau plumage : les pennes de la
queue sont cassées ; celles des ailes sont dé-
chirées, et même ses pieds sont souvent ar-
rachés.

On peut, comme je l'ai expliqué plus haut,
aider l'oiseau en lui donnant un collaborateur ; un chien bien sage et bien dressé soutient très bien l'autour à la prise en cassant
les reins du lièvre. Ils savent parfaitement
qu'ils travaillent ensemble pour arriver au
même but. C'est beaucoup plus expéditif et
plus pratique, en se plaçant au point de vue
du résultat, mais incontestablement moins enlevant et moins correct comme sport.

Les orientaux arrêtent des antilopes de grosseur respectable, avec des faucons pèlerins et des chiens dressés à chasser ensemble. Nous pouvons facilement en faire autant en volant le lièvre, à la condition toutefois de ne pas lâcher deux autours sur la même proie.

Lorsque, pour un motif quelconque, l'autour manque son lièvre, il faut le réclamer immédiatement avec le tiroir et le laisser reposer quelque temps. Si, au deuxième lièvre, l'insuccès persiste, arrêtez la chasse. Votre oiseau n'est pas en état, et retournez au logis. Il est indispensable de ménager les forces de l'autour et de se garder de le surmener; lorsqu'il est bien entraîné et en bonne santé, il doit toujours réussir, c'est pourquoi il est sage et prudent ne ne jamais forcer la note en se buttant à une impossibilité qui ne peut que décourager les meilleures volontés. Enfin, ne tardez jamais à secourir votre oiseau lorsqu'il a empiété son lièvre ; sachez que s'il chasse avec vous et sans chien, il sait parfaitement que vous êtes son maître et que vous devez l'aider à la prise. Approchez-vous toujours en face, jamais par derrière; saisissez le plus adroitement possible le capucin récalcitrant et mettez-le immédiatement dans l'impossibilité de s'échapper. Ouvrez-lui le crâne avec un couteau et faites « *courtoisie* » à l'oiseau, en lui présentant la cervelle, ce qui s'appelle aussi « *sauver le droit à l'oiseau* »; puis, réclamez-le sur le poing comme à la chasse au lapin et recommencez une deuxième prise si l'autour est bien en état. Si, au contraire, vous remarquez qu'il a dépensé toutes ses forces et qu'il est fatigué, contentez-vous d'une belle victoire, et rentrez gaîment à la maison.

Vol de la Plume. — Nous donnons, pour ce genre de vol, la préférence au Tiercelet d'Autour; il est plus léger, plus prompt que la femelle et il est beaucoup plus dans son élément en volant la plume. Cependant, pour le Faisan, le Canard et le Coq de Bruyère, on peut se servir des deux sexes indistinctement.

A l'ouverture de la chasse, le vol de la perdrix est des plus facile ; l'entraînement se fait exactement de la même façon que pour le lapin : il suffit de faire connaître à l'oiseau le gibier qu'il est destiné à voler et la réussite sera complète, car la difficulté n'est pas grande. C'est un jeu pour un Tiercelet que de prendre les perdreaux à l'ouverture ; vouspouvez multiplier les prises tant que vous voudrez, et, avec trois oiseaux dénichés en juin, vous pouvez, en septembre, faire à coup de soixante pièces sur 60 vols. C'est vous dire, chers lecteurs, que si la chasse en était permise par la loi, il vous serait facile, dans la première semaine, de faire table rase de toutes les compagnies les unes après les autres.

Au mois d'octobre, c'est beaucoup plus difficile, la perdrix à un coup d'aile très vigoureux et elle sait échapper par la vitesse de son vol à ses ennemis les plus acharnés ; aussi faut-il un Tiercelet très entraîné pour prendre des perdreaux en novembre. Ils se lèvent généralement à 100 ou 150 mètres ; on peut plus facilement les surprendre au rabat en se dissimulant derrière les arbres et en les faisant lever par des traqueurs.

Le tiercelet a plus d'avantage, quoiqu'il en manque encore très souvent. Quand aux faisans, canards, pies, corneilles, etc., la prise en est encore plus simple : il suffit d'entraîner l'Autour à prendre des poulets dans une basse-cour pour l'initier à la chasse de ces différents gibiers. On n'a qu'à mettre en rapport la couleur des volailles avec celle des oiseaux qu'on désire voler et l'entraînement est vite terminé : on prend un canard domestique pour un canard sauvage, un poulet de couleurs diverses pour un faisan, un poulet noir pour une corneille, un noir et blanc pour une pie, etc. (fig. 34.)

Ces deux derniers vols sont permis en tout temps et peuvent se pratiquer avec succès le long des routes en se tenant en voiture ou en accompagnant un homme qui laboure dans les champs, la corneille et la pie se laissant plus facilement approcher, la prise en est plus avantageuse pour l'oiseau.

Le *Hagard*, son dressage.

Les anciens disaient « qu'il n'estoit volerie que de hagars » et en cela ils avaient bien raison. Il est tout naturel qu'un oiseau pris au piège, et qui est d'une ou plusieurs mues, soit beaucoup plus rusé, plus habile chasseur qu'un sujet dressé en captivité, mais il est aussi d'un affaitage bien plus difficile et je ne con-

Fig. 34

seille pas à un élève en Autourserie de commencer ses premières armes avec des *Passayers* ou des *Hagards*. Il faut être très expérimenté et avoir une grande science pratique pour se permettre d'entreprendre un pareil dressage. Voici du reste la manière de s'y prendre :

Dès que l'oiseau est piégé, il faut, comme je l'ai décrit plus haut, le tenir dans l'obscurité et le chaperonner *de rust* ; puis lui mettre les jets, les vervelles et la longe, c'est-à-dire l'armer, comme nous l'avons expliqué pour les *Nyais*. Une fois toutes ces opérations terminées, il faut le porter sur le poing jusqu'à la nuit ; ensuite lui ôter le chaperon, c'est-à-dire le découvrir, dans un appartement éclairé par le feu de la cheminée ou par la lumière d'une lampe.

Il est sous-entendu qu'il est toujours sur le poing. Ce nouveau genre de clarté qui lui est complètement inconnu, le rend excessivement étonné et, s'il n'est pas effarouché, il reste paisiblement sans bouger. Il a du reste l'air d'un ahuri. Il faut alors lui passer une cuisse de lapin entre les pieds et l'engager à prendre quelques bécades. Il est possible qu'il refuse, n'en tirez aucune inquiétude. Il y en a qui restent plusieurs jours sans manger. C'est là que commence la véritable patience de l'autoursier, car *il s'agit de l'empêcher de dormir*, tout en le tenant toujours sur le poing ; il faut alors lui chatouiller les plumes dès qu'il ferme les yeux. Certains amateurs le laissent à la perche pour cette opération ; d'autres et des plus anciens recommandent de ne pas le mettre à la perche avant qu'il ne soit complètement dompté ; je me range complètement à leur avis. Au petit jour, vous lui remettez le chaperon et vous continuez à le faire promener *toujours sur le poing*.

Le soir, vous recommencez exactement ce que vous avez fait la veille. A ce moment, l'oiseau est déjà passablement fatigué et accuse certains signes de faiblesse ; il faut en profiter pour l'engager à manger. S'il refuse ou qu'il marque encore trop de fierté, faites-lui passer une deuxième nuit aussi blanche que la première. (*Il faut du reste vous attendre à le veiller trois nuits consécutives.*)

Enfin, s'il mange d'assurance, donnez-lui peu et souvent en l'habituant tout doucement et sans bruit à sa nouvelle condition. Comme la difficulté est d'arriver a le maintenir à la perche sans être chaperonné, vous le chaperonnez au petit jour, comme d'habitude, en laissant l'appartement dans un clair-obscur, au moyen des volets que vous fermez à demi. Là, vous lui enlevez le chaperon et vous lui offrirez à manger ; vous lui remettez le chaperon et vous alternez toutes ces manœuvres jusqu'au soir. Vous pourrez alors le laisser reposer à la perche sans le chaperonner, si vous avez ménagé l'obscurité pour le lendemain matin. Du reste, c'est par la pratique que vous devez régler la gradation de la lumière, de la fatigue pour abaisser la fierté, et la nourriture à donner. Tous les sujets ne sont pas également difficiles à entraîner, et c'est en général au bout d'une semaine seulement, que l'oiseau consent à manger sur le poing, en plein jour, dans l'appartement où il est entraîné. On peut alors essayer de le faire venir de la longueur de la longe puis d'un peu plus loin, et, dès que vous le croyez bien en main, vous l'emmenez en plein air, dans un endroit très désert, à l'abri de toute distraction qui pourrait l'effrayer et vous lui ôtez et remettez alternativement le chaperon. Dès que vous le lui ôtez, vous lui présentez le *tiroir* pour qu'il y prenne la beccade, et finalement vous lui donnez les mêmes leçons qu'au *Nyais* en observant avec patience qu'il faut au moins deux mois avant d'essayer de le faire voler réellement. C'est alors que vous avez de l'agrément, car vous n'ignorez pas, qu'au moment de la chasse, l'oiseau est tout entier à son instinct naturel et que, dans les circonstances difficiles, il est beaucoup plus habile que s'il avait été élevé en captivité : il a chassé pour son compte, il connaît toutes les ruses et sait s'en servir à la grande joie de son maître ; aussi nos aïeux ont-ils dit : « *Les Hagars sont faits pour le plaisir de l'homme.* »

Comment il faut choisir l'oiseau de poing. — Les plus grandes qualités à rechercher chez un oiseau sont incontestablement le courage et le bon caractère. Avec l'expérience et l'habitude on ne tarde pas à connaître son sujet,

et la pratique renseigne facilement l'autoursier
sur ses qualités et ses défauts, mais on peut à
première vue saisir la physionomie d'un oiseau
à choisir.

La beauté du plumage et la taille sont des
points séduisants susceptibles d'entraîner l'o-
pinion d'un véritable amateur, mais il doit les
compléter par les observations suivantes que
j'emprunte à un auteur ancien : « *Il faut choisir l'oyseau de poing, à la teste platte, et milla-
nière, au bec gros, large, noir et trenchant, au
col delié, à l'œil doré, au pennage blond, qui est
le plus fidele, ou bien au pennage grisatre,
fort haglé* (*haglé* signifie taché sur les pennes, les
taches sur les pennes sont nommées haglures),
*au vol long, à la queue courte, à la jambe platte, à
la main grande et ouverte, aux doigts un peu
déliés et longs, aux serres noires comme jayet*
(comme jais) *et poignantes ainsi que des aleines.
Il faut qu'il soit grand, et qu'il ayt des mahuttes
hautes, grosses et larges, aux Tiercelets principalement plus qu'aux Autours : Dont on dit que les
Eclames* (on nomme ainsi un oiseau dont le
corps est d'une belle longueur et qui n'est
point épaulé, les éclames valent mieux que les
goussauts) *sont ordinairement meilleurs, et
plus plaisants voleurs que les Goussauts* (oiseau
court, trop lourd pour la volerie), *c'est-à-dire
courts et bas assis. J'approuve fort les pennages
bruns, enfumez, qui ne sont pas communs, ces
testes noires, ces cuisses mouchetées, ces gros
brayez blancs, car j'ay recogneu les oiseaux de
tel pennage tousiours roides et courageux. Il est*

vray qu'ils sont plus malaisez et plus long temps à dresser que les autres, mais aussi en récompense ils sont moins suiets aux vents; et moins délicats.

En fin, ôtez-moy ces pennages rouges, car ce sont assiégeurs de Coulombiers. Quant au choix des Hagars, i'estime que ceux qui ont le plus de pennes sorres (sales, fatiguées) sont les meilleurs, pour ce qu'ils monstrent en cela leur courage, ayants plus de desir de nourrir leurs petits qu'eux mesmes, principalement de bon gibier, qui est le plus rare. C'est pourquoy les courageux, travaillants pour les leurs, sont plus mal muez que non pas les poltrons qui n'ont soing que de leur ventre mesme. »

Comme il faut présenter le bain aux Oiseaux. — Il est très utile à l'autoursier de savoir présenter le bain à ses oiseaux bien à propos, car s'ils sont fatigués, c'est le moyen de leur redonner du courage et surtout de les maintenir en bon état. On prétend même que le bain les guérit de bien des maladies, et entre autres du rhume de cerveau, à la condition toutefois de leur présenter une proie chaude et sanglante après les ablutions. Les anciens disaient aussi que le bain avait la vertu *de rafreschir l'oyseau eschaufé et d'eschaufer celuy qui est refroidy et morfondu, s'il est après bien seiché au soleil ou au feu, selon le temps et la saison.*

Or donc, dès que l'oiseau sera assuré, il ne faudra jamais oublier de lui présenter le bain par beau soleil, et, s'il est nécessaire pour sa santé, par n'importe quel temps. Le moment propice est généralement vers onze heures du matin, c'est-à-dire dès qu'il aura rendus a cure.

Le bain se donne à domicile ou simplement à la rivière. Certains auteurs ont fait la description d'un instrument spécial servant à baigner les oiseaux; avec un simple bain à douche d'un diamètre de un mètre environ, on a tout ce qu'il faut pour opérer chez soi, lorsqu'on n'a pas la facilité de les baigner à la rivière.

En liberté, les autours se baignent en hiver par n'importe quel froid : Voici, du reste, la manière de s'y prendre pour présenter le bain :

On prend l'oiseau sur le poing gauche et on l'approche à fleur de rive. De la main droite, on bat l'eau avec une petite baguette afin de lui donner l'envie d'y aller, ce qu'il ne tarde pas à faire. Une fois entré, il faut se retirer quelques pas en arrière, en le tenant avec une filière, et le laisser s'ébattre à son aise. Rien de plus plaisant que de voir un autour se prélasser à la baignade : il commence d'a-bord par s'acouver quatre ou cinq fois, puis il plonge la tête et la queue ensuite quatre ou cinq fois alternativement, enfin, il ouvre les ailes et s'en donne à cœur joie en se roulant littéralement dans l'eau qu'il éclabousse et fait retomber en pluie sur son corps par des battements répétés, ce qui lui donne au bout d'une minute un aspect bien original. Toutes ses plumes sont collées sur son corps; on peut dire qu'il n'a plus figure d'autour. Lorsqu'il en a assez, il se retire du bain; on doit alors lui présenter le tiroir et le faire sauter sur le poing, le sécher au soleil si on peut, ou dans un appartement bien chauffé si le temps ne permet pas de faire autrement. Une fois qu'il est bien sec, paissez-le d'une bonne cuisse de lapin bien saignante, ou d'un bon morceau de pigeon sanglant, et laissez-le enduire à son aise en le remettant à la perche.

En général il est préférable de ne pas faire chasser les oiseaux les jours où ils prennent le bain. Cette récréation, si agréable pour eux, est un délassement duquel ils savent profiter le lendemain. On observe facilement quand le besoin se fait sentir de présenter le bain aux oiseaux : ils se secouent et ils font claquer leurs ailes en faisant la toilette des pennes avec le bout de leur bec, alors ils acceptent la baignade avec plaisir et reconnaissance.

Du reste, en été, un petit bain tous les deux jours leur est très salutaire, et en hiver un par semaine les maintient en bon état, en ayant bien soin toutefois de ne jamais les laisser se refroidir.

Faire l'oiseau de bonne reprise. — Le chevalier de Seure, grand prieur de Champagne et grand expert en autourserie, regardait un jour un autoursier attendant son oiseau branché en haut d'un arbre. L'autour, une patte en plume, se souciait fort peu des appels de son maître, et avait l'air de se trouver très bien juché où il était.

Il s'approcha et lui dit :

. « *Par le sang de Dieu, mon bel amy, vous estes vn grand sot : je renie Dieu il est vray (ainsi avait-il accoustumé d'asseurer son diré) ne voyez-vous pas qu'il le vous monstre, car il suit son naturel qui est d'estre aux champs, et vous estes si mal habile homme, que vous ne suivez pas le vostre, qui est d'estre à la maison.* »

D'autres, les radicaux de ce temps-là, étaient plus expéditifs et moins parlementaires que le chevalier de Seure : ils prétendaient qu'à un oiseau qui se faisait attendre il fallait remplacer la cuisse de poule par un coup de trique.

J'ai tenu à vous faire saisir sur le vif la sévérité proverbiale de ces anciens maîtres, aussi impatients qu'amoureux de l'idéal. Sans doute il est agréable d'avoir un oiseau docile et qui revient au poing au moindre signal, mais il faut aussi avoir la patience indispensable à tous les dresseurs de profession, et, pour ma part, je vous confesse avoir eu plus d'un affront avec des oiseaux parfaitement en état. L'année dernière, au mois d'août, j'avais deux femelles parfaitement entraînées et qui avaient pris plusieurs lapins en liberté ; j'avais toujours été satisfait pendant l'entraînement, car chaque jour m'apportait de nouveaux progrès ; mes oiseaux venaient au poing à 500 mètres. J'étais, je l'avoue, fier de les montrer en public, et je saisis avec empressement l'occasion de les faire chasser dans un parc très giboyeux ; les précautions usuelles furent scrupuleusement prises : demi-gorge la veille de la chasse, et enfin départ pour la « victoire. »

Le temps était à souhait, c'est-à-dire calme et tranquille. Comme nous ne devions voler qu'après déjeuner, je pris la précaution de faire *jardinner* les oiseaux, c'est-à-dire de les faire promener sur le poing, en les invitant de temps en temps à goûter la petite beccade traditionnelle. Il me vint même à l'idée de les faire venir au poing à une certaine distance. Le premier se comporta comme un ange et ne me donna que des satisfactions; quant au second, il prit son vol et se percha sur un énorme hêtre ou il avait l'air de se trouver fort à son aise. Je commençai par l'appeler au poing, il ne me regardait même pas; je pris le tiroir, le leurre, la proie vivante; rien n'y fit. J'étais exaspéré, et si le chevalier de Seure m'eût rencontré, il eût bien fait de passer son chemin, car je l'aurais apostrophé vertement ; enfin armé de patience et devant une galerie très indulgente, j'attendis le bon caprice de mademoiselle qui descendit au bout d'une demiheure environ. J'étais heureux de revoir mon oiseau sur le poing, mais intérieurement j'étais découragé, et si je faisais bonne contenance, ce n'étais certes pas par conviction. Après déjeuner, il fallait bon gré, mal gré, exécuter le programme. Je savais que la chasse à l'autour était le clou de la journée, et que je jouais ma réputation cynégétique devant des sceptiques disposés à ne rien pardonner. La réussite fut au delà de toutes les espérances : les oiseaux firent des merveilles, et la femelle, qui le matin nous avait donné de réelles inquiétudes, surpassa sa compagne en adresse et en courage. Enfin, j'étais sauvé, mais je vous l'avoue, après avoir eu bien peur.

Ce fait a incontestablement une cause difficile à expliquer; cependant il peut être évité. Je recommande donc de tenir l'oiseau le plus de temps possible sur le poing, de le caresser, de lui faire voir des aspects de paysage différents, du monde, des chiens, des voitures, de lui présenter le tiroir en l'approchant, de lui offrir des beccades en le posant à terre pour le faire sauter sur le gant, et cela plusieurs fois par jour, c'est-à-dire durant chaque promenade. De cette façon, l'oiseau suivra comme un chien suit son maître, et, en l'habituant à le lancer dans les arbres et à revenir au poing à n'importe quelle distance, fusse même à 4 ou 500 mètres en pleine forêt, vous êtes certain d'avoir toujours un oiseau de bonne reprise. Si donc il vous arrive un incident dans le genre de celui que je vous ai raconté, vous pouvez, quatre-vingt-dix-neuf fois sur cent, accuser votre autoursier de négligence.

Plus un oiseau est en communication directe avec son maître, plus il est docile, et je dirai même qu'il est toujours docile et fidèle *si on fait tout ce qu'il faut faire pour le posséder entièrement.*

L'oiseau de poing doit se trouver toujours en haleine, sans pour cela être harassé. Pour

Fig. 35.

le maintenir en gymnastique, on lui donne matin et soir une queue de bœuf sur le tiroir. Les efforts qu'il déploie pour tirer sur des membranes nerveuses lui sont très salutaires. On peut aussi le faire voler de bas en haut, ce qui est très difficile à obtenir : on met l'oiseau à l'extrémité d'un terrain en pente, et on le réclame en haut en augmentant progressivement la distance. Ce dernier exercice est très pénible pour l'autour, puisqu'il préfère souvent ne pas poursuivre lorsque la pente est trop rapide, comme dans la figure 35.

Lorsque je vous ai entretenu de la théorie du vol, je vous ai fait comprendre qu'un voilier n'était pas du tout armé pour voler rapidement de bas en haut. C'est pourquoi il est intéressant d'exiger de l'oiseau tout ce qu'il peut donner. Il devient plus habile pour la poursuite des perdreaux d'octobre, et il a plus de confiance en lui-même lorsque son courage est accompagné de la toute puissance de ses forces physiques.

Comment il faut maintenir l'oiseau en état. — Celui qui sait maintenir régulièrement un oiseau en état a seul le droit de porter le noble titre d'*autoursier*.

On dit qu'un oiseau est en état, lorsqu'il vole aisément et qu'il prend avec succès et sans déception.

Chaque sujet demande des attentions spéciales et particulières, car rien n'est plus fantasque que le caractère des faucons. Aujourd'hui, l'oiseau est calme, docile, facile et obéissant, et donne toutes les satisfactions désirables; cette période heureuse peut continuer plusieurs jours, plusieurs semaines même, quelquefois des mois entiers ; puis, brusquement et sans motifs appréciables d'avance, il devient violent, fier, inquiet et impossible à conduire en chasse. Assurément l'oiseau est soumis à certaines lois naturelles qui font sentir leurs effets même en captivité et qui, par conséquent, contribuent beaucoup à pervertir ses instincts physiques et moraux. Les brusques changements de température, les orages, la saison des amours, celle des migrations et enfin l'époque de la mue, sont autant de causes faciles à définir et qui impressionnent vivement le caractère des autours. Aussi doit on toujours se mettre en garde et faire quotidiennement les plus minutieuses observations.

La première des conditions pour maintenir un oiseau en état est de surveiller son appétit et ses *émeuts* (fiente des oiseaux). Un sujet qui a faim et qui est nourri méthodiquement vole toujours bien, ses *émeuts* sont lancés avec vigueur à un mètre de distance environ, et plus il les pousse avec force et énergie, plus il est en bonne santé. P. C. de Chappeville dit, avec son vieil esprit gaulois : « *Si on le voit enduire, s'éplucher, bander, faire l'ange, et se secouer souvent, on peut compter qu'il se porte bien.* »

Lorsque le temps est incertain, orageux, qu'il vente en rafales et en tempête, l'oiseau doit rester au logis.

Au printemps, de fin mars au 15 mai, méfiez-vous de certains tiercelets plus ou moins délurés qui ne cherchent qu'une occasion pour convoler avec une jeunesse du voisinage et prendre avec sa moitié la poudre d'escampette; et par contre restez le vigilant gardien de la vertu de vos autours femelles qui ne demandent qu'à monter à l'essor bon gré mal gré, j'en suis certain, histoire de se rafraîchir dans les hautes régions, quitte à se laisser hypnotiser par un galant égaré dans les nuages et qui lui inculquera la suggestion de l'attendre dans les futaies. Enfin, à partir de la mi-mai, l'oiseau entre en mue, change de plumage et n'est plus apte à la volerie que vers la fin d'août. Le mois d'octobre est l'époque des premières migrations, les oiseaux ont encore quelquefois certaines excentricités à combattre : ils deviennent turbulents, *tempestatifs*, intraitables, à tel point qu'il est prudent de bien les surveiller et même de les laisser reposer quelques jours. En somme, l'art de l'autourserie n'est réellement praticable que de fin août à fin mars.

Les précautions hygiéniques pour conserver la santé des oiseaux, sont faciles à observer ; je conseille une nourriture saine et fraîche, des proies vivantes et variées additionnées de cures artificielles, surtout lorsque la viande de boucherie ou de cheval sert de base à l'alimentation; on donnera des rats, des souris, des volailles, des lapins et surtout des chiens nouveau-nés dont ils sont très friands. Si par hasard l'oiseau manque d'appétit, on peut lui mouiller sa viande dans de l'eau bien fraîche et lui donner pendant quelques jours des gorges un peu plus petites sans pour cela l'abaisser.

Il faut aussi éviter les courants d'air, l'humidité et les trop grands froids.

Pendant la mauvaise saison. il est urgent de rentrer les oiseaux tous les soirs afin qu'ils ne passent jamais la nuit dehors. S'ils ont été mouillés, il est utile de les sécher avant que de les paître et de ne les remettre à la perche qu'après avoir été jardiner pendant une demi-heure pour le moins.

Malgré toutes ces précautions, certains sujets sont susceptibles de refuser complètement la nourriture et de rester indifférents même à la proie vivante. Je conseille alors de laisser libre, en appartement ou en grande volière, l'oiseau qui se présente avec des symptômes si inquiétants, de lui tremper sa viande dans un mélange d'huile d'olive et d'eau fraîche préalablement battues, et d'attendre que son appétit l'entraîne à en prendre quelques *beccades*.

J'ai chez moi des parquets grillagés en plein air, qui ont 25 mètres cubes environ. Chaque fois qu'un de mes oiseaux donne des signes de malaise, je le lâche immédiatement en parquet, et j'en obtiens toujours d'excellents résultats.

Ces parquets servent aussi à mettre les oiseaux en mue : dès que les plumes commencent à tomber et que la température le permet, j'enlève la longe et le touret à l'oiseau, et je le laisse libre. L'installation est à deux compartiments : l'un est couvert et peut servir d'abri contre la pluie et les rayons solaires. L'autre est garni d'un filet et se trouve exposé en pleine lumière. Les plumes qui tombent généralement les premières sont les *vanneaux*, ensuite viennent les *longues*, puis en dernier lieu les *cerceaux* ou *cousteaux*. Les pennes de la queue tombent aussi les unes après les autres ; celles du milieu tombent les premières.

J'ai eu le plaisir de recevoir hier (15 juin 1887) une femelle autour en transition complète.

Elle venait de prendre un énorme lapin et s'apprêtait à le manger lorsqu'elle s'est trouvée dérangée par la présence inattendue du garde de la propriété; elle a abandonné sa proie et s'est mise à l'essor; le garde a profité de la circonstance pour mettre sous les restes du lapin un petit piège à palette et il s'est en allé faire une tournée de quelques heures. En revenant, elle était prise et j'ai eu la facilité d'examiner à mon aise le phénomène de la transition sur un oiseau en liberté. Phénomène curieux et assez rare, m'a dit un naturaliste de mes amis. Le sujet avait à l'aile gauche deux *longues* de moins et à l'aile droite une seulement. La moitié des plumes du balai étaient repoussées, le cinquième des plumes du plastron et des cuisses était complètement changé en transversales, enfin la prise avait été faite dans une garenne à lapins où on ne déniche jamais un nid d'autour, et cela dans un rayon de plus de 20 kilomètres. Huit jours avant, dans la même propriété, on y piégeait un mâle de milan royal (*Milvus régalis*), espèce qui ne niche pas non plus dans notre département et ne s'y rencontre qu'accidentellement.

Au moment de la mue, les oiseaux réclament une nourriture abondante et substantielle ; les repas doivent être quotidiennement doublés, et un bon bain tous les deux jours facilite la pousse des nouvelles plumes. Les oiseaux doivent être tranquilles ; il faut prendre bien garde de ne pas les effaroucher, surtout au moment de la pousse des *cerceaux* ; il faut un rien pour que l'oiseau se blesse en se jetant contre les grillages, ce qui arrête pour toujours la reconstitution de son plumage, le tare et le rend impropre à la volerie.

Vers la fin de juillet les oiseaux doivent être complètement transformés et aptes à recommencer la chasse. Il faut, à ce moment, les *essimer* ou *essemier*, c'est-à-dire les amaigrir, les réentraîner, les mettre en état de *voler*, car il est facile de comprendre qu'un oiseau qui est nourri presque à discrétion, de fin avril à fin juillet, est devenu fier, orgueilleux, gras, paresseux et incapable de n'importe quel travail. Il faut donc, avant de s'en servir, prendre quelques précautions pour le remettre en bon état. On diminuera les repas progressivement *en le descendant* tout doucement ; on lui lavera sa viande avant de la lui offrir ; on lui donnera des gibiers vifs en forçant beaucoup sur *la cure*, c'est-à-dire en lui faisant avaler poils et plumes, puis on le portera sur le poing et on le *jardinera* partout où il y a du mouvement et du bruit; bref, on recommencera son entraînement à la filière comme pour le dressage.

Il n'est pas très facile comme on pourrait le croire, de sortir un oiseau de la période de la mue. Il faut de grandes précautions; c'est généralement à ce moment critique qu'on perd les oiseaux. C'est en tatant les jambes et le thorax qu'on peut les *essimer* tout doucement, ce qui est indispensable, sous peine de graves accidents presque toujours mortels. Les *émeuts* doivent aussi guider l'autoursier. Ils doivent être, comme je l'ai dit souvent, blancs et lancés avec vigueur.

Manière de poivrer l'oiseau. — Tous les autours sont susceptibles d'avoir des *poux* ou *ricins*, soit qu'ils en gagnent dans les nids étant *nyais*, soit peut-être qu'ils en contractent sur leur gibier : les perdrix ou les pigeons sont souvent couverts des parasites analogues, que les naturalistes regardent comme d'espèces différentes de celles des oiseaux de proie, mais que nous croyons très susceptibles de s'acclimater sur ces derniers.

Cette vermine taquine fortement les oiseaux, les rend fuyards, quinteux, sujets à l'essor, et les provoque souvent à quitter leurs remises; il est donc indispensable de les débarrasser de ces parasites incommodes.

Aujourd'hui, avec un soufflet et de la poudre

de pyrèthre on en arrive à bout après deux ou trois séances ; mais, autrefois, c'était toute une histoire : on commençait par mettre du poivre en poudre dans de l'eau tiède, puis on plongeait le malheureux dans la chaudière. On prétendait même que, de cette opération, le patient en conservait rancune, et haïssait à jamais celui qui lui avait fait subir une pareille immersion. « *Le Sieur de Ville, gouverneur de Monceaux, pour la feue Royne mère du Roy, Catherine de Médicis, Gentilhomme de son temps, autant loué parmy les hommes de nostre art que nul autre, avait ceste coustume de déguiser tous ceux qui assistoient à poyvrer l'oiseau, et luy mesme le premier. On m'a dit de bonne part, que le dit Sieur de Ville fut trouvé en sa maison habillé en ramonneur de cheminée, et ses valets en chambrières.* » Notez que le sieur de Ville était un autoursier de très haute réputation et voyez les précautions qu'il prenait pour ne pas être reconnu de ses oiseaux. Il les poivrait toujours en plein carnaval. L'exagération est grande, mais le principe n'est pas à dédaigner. L'oiseau **a** assez de mémoire pour se souvenir du mal puisque nous reconnaissons qu'il est accessible au bien.

Toilette de l'oiseau. — La toilette de l'oiseau a pour but la réparation et l'entretien du plumage tant au point de vue de la beauté qu'à celui de l'hygiène.

Lorsque les plumes des ailes ou de la queue sont tordues ou froissées, on les redresse en

les trempant dans l'eau tiède. Cette opération
doit se faire chaque fois que cela est nécessaire, il est donc urgent d'avoir le soin de
passer en revue le plumage tous les jours.
Si la plume est cassée, on peut parfaitement
la raccommoder : c'est ce qui s'appelle *enter
la penne à l'oyseau*. On fera donc bien attention de mettre de côté toutes les plumes des
ailes et de la queue des oiseaux morts et de
ceux qui les perdent à la mue.

Pour *enter* une plume il suffit de faire une
section tout près de la brisure de la plume
cassée et d'y ajuster exactement la partie man-
quante prise dans celles qui sont en réserve.
On prendra pour cela une aiguille carrée dans
le genre des aiguilles ordinaires, mais pointue
des deux bouts, on la trempera dans du vi-
naigre deux heures environ, afin de la faire
rouiller pour qu'elle tienne mieux dans le
plumage ; puis on abattra l'oiseau après l'a-
voir chaperonné pour plus de précaution. On
enfilera la moitié de l'aiguille dans la plume
qui tient à l'oiseau et l'autre moitié dans la
partie de la plume à remplacer. La plume
ainsi réparée est aussi solide que les autres.
Il est indispensable d'enter une plume cassée
à l'aile, sans quoi l'oiseau perdrait de ses
moyens. Quant à celles de la queue, c'est
plutôt pour une raison de soin et de coquet-
terie pour l'oiseau, qu'on opère ainsi.

Enfin, il peut arriver qu'en captivité le bec et
les serres prennent des développements exa-
gérés, à tel point que l'oiseau est gêné pour

manger et pour empiéter sa proie. Il suffit d'abattre le sujet et de lui tailler le bec et les ongles tout simplement avec un canif, de façon qu'ils puissent récupérer leurs dimensions naturelles.

MALADIES DES AUTOURS

Nous ne sommes pas beaucoup plus forts en médecine-vétérinaire à l'usage des autours que ne l'étaient nos aïeux ; mais nous avons pourtant changé les traitements, et c'est à peu près tout ce que nous avons fait ; et ma foi, quand ce ne serait que pour montrer la bizarrerie des moyens employés autrefois, je ne puis résister au désir de mettre en comparaison avec les modernes toutes les recettes anciennes qui me tordent les côtes chaque fois que je les étudie.

On constatait autrefois et on constate encore aujourd'hui une dizaine de maladies. Nous placerons en première ligne *le chancre*.

On reconnaît qu'un oiseau est atteint du *Chancre* lorsqu'il machonne et qu'il bave et qu'en avalant il allonge le cou en manifestant une difficulté douloureuse. Certains auteurs prétendent qu'il y en a de deux espèces, le jaune et le mouillé ; que le premier se trouve à la partie inférieure du bec, et qu'on peut le guérir en le grattant avec un canif et en le lavant ensuite avec du jus de citron. Quant au mouillé, on lui assigne son siège dans la gorge et on le dit incurable et contagieux. Ces deux variétés de chancre appartiennent à la même maladie et ne diffèrent que par le siège du mal : c'est une des formes de la *dipthérie des oiseaux*, que les autours gagnent parfaitement en mangeant des volailles ou autres volatiles atteints de la même maladie. Ils peuvent de la même façon, gagner le *Choléra des volailles*, maladie rapidement mortelle. Ceci indique qu'il faut surveiller avec soin la qualité et l'état sanitaire de la viande qui sert à la nourriture des autours.

La pépie ou rhume des oiseaux. — Les auteurs ne sont pas très d'accord sur cette maladie. Les modernes décrivent la pépie des oiseaux de proie absolument de la même manière que celle qui atteint les poulets dans les basses-cours. c'est-à-dire qu'ils parlent d'une peau sur la langue, et enseignent la même manière de la guérir, c'est-à-dire l'extirpation de la prétendue peau qui empêcherait, dit-on, les oiseaux de prendre la moindre nourriture. Cette maladie, d'après eux, se manifesterait par le rhume. Les auteurs anciens parlent bien du rhume, mais ne soufflent mot de la pépie. Mon opinion est que la pépie en question est encore une des formes de la dipthérie et que le rhume seul est une inflammation des muqueuses nasales qui doit se produire par l'effet d'un courant d'air ou d'un changement brusque de température; il peut se guérir par une hygiène mieux comprise et mieux entendue.

La Boulimie. — Les autoursiers appellent improprement *boulimie,* — qui veut dire *faim canine, faim maladive qu'on ne peut satisfaire,* —

une espèce d'*anémie* causée par une mauvaise nourriture, mal réglée et surtout par des jeûnes trop prolongés. Il est bon d'abaisser un oiseau qui est trop fier et qui méprise quelquefois la chasse, mais encore faut-il s'arrêter à la mesure juste pour ne pas risquer de le perdre. On recommande, lorsqu'il en est temps encore, d'exciter l'appétit de l'oiseau par des viandes saignantes de jeunes pigeons, de bœuf, de mouton, etc. Selon moi, lorsque l'oiseau a encore la force de manger, il faut lui en donner peu et progressivement cinq ou six fois par jour, et le remonter par un régime sévère et régulier.

Lorsqu'il est trop bas pour ne plus essayer de se nourrir, c'est qu'il est perdu.

La Craye et les *Filandres*. — Les *Filandres* sont des vers, du groupe des Filaires et de celui des Ténias, qu'on trouve dans les *émeuts* ou déjections. Leur développement est provoqué par une mauvaise hygiène et une nourriture qui manque de fraîcheur. L'eau impure est aussi un puissant véhicule de ces dangereux parasites. Les intestins de lapins, qui sont souvent couverts de *cysticerques* (larves vésiculeuses ou embryon de ténias) peuvent probablement aussi les engendrer lorsque ces embryons trouvent un milieu physiologique propre à leur croissance et à leur développement. Les vers ou filandres ne tardent pas à causer de sérieux ravages dans les organes où ils ont l'habitude de séjourner.

L'oiseau qui en est affecté fait de grands

bàillements, lance ses *émeuls* avec difficulté, en allongeant le col, porte la tête sur les reins. a les yeux enfoncés, les plumes de la tête hérissées et si on ne le débarrasse pas immédiatement de ses parasites intestinaux, on peut la perdre en quelques jours. Le meilleur moyen d'extirper les filandres est simplement de faire avaler à l'oiseau trois pilules d'aloès dans un morceau de viande.

La *craye* est la diarrhée blanche ou urique, constituée par une matière lactescente fortement chargée d'acide urique ; on l'arrête aussi par l'administration de quelques grains d'aloès.

La goutte ou *Enflure des pieds*. — On prétend que cette maladie est engendrée par l'humidité ; c'est possible, mais elle est surtout causée par l'immobilité au bloc ou à la perche, et la preuve, c'est que l'oiseau, lâché dans une volière en plein air, se guérit rapidement.

Quelques lotions de teinture d'iode, activent le traitement.

Apoplexie. — C'est une maladie très commune chez les éperviers. Lorsque l'attaque n'est pas mortelle, on peut sauver l'oiseau en le lâchant dans une volière.

Quelques modernes préconisent un grain de poivre de Cayenne dans une cure. C'est un remède empirique qui cependant se recommande par les succès de la pratique.

Le Panthois. — C'est une maladie du jabot caractérisée par les symptômes suivants : l'oiseau mâchonne sa viande et la rejette ; lorsqu'il l'avale il la rend une heure ou deux après. Pour combattre *le Panthois*, on peut essayer de battre ensemble de l'huile d'olive et de l'eau fraîche, et d'y tremper de la viande de lapin dans laquelle on mettra une pilule d'aloès. Au bout de deux ou trois jours, on doit obtenir une légère convalescence qui permet d'espérer une entière guérison en soignant attentivement l'oiseau.

Epilepsie. — Cette maladie, qui se guérit *quelquefois* par la liberté en volière, est souvent causée par les parasites internes. Il faut alors appliquer le traitement indiqué pour les *Filandres*.

Tétanos. — Cette maladie est la conséquence, dit-on, d'une jeunesse mal soignée. Les *niais*, dénichés en duvet et trop petits, sont sujets à être tués par le tétanos, L'oiseau tombe raide mort au moment où on s'y attend le moins.

Je terminerai cet article en offrant à mes lecteurs le curieux passage du petit traité de P.-C. de Chappeville, gentilhomme de la vénerie du Roy ; où il donne les remèdes convenables à toutes les maladies des oiseaux. — Je copie textuellement :

« Il arrive souvent que les oiseaux en volant se blessent lés mains, et qu'elles deviennent enflées. Le premier remède à cet accident est de les saigner, de leur couper la serre, et la laisser saigner une heure, ou même davantage ; puis, on brûle légèrement le bout de la serre, afin d'en étancher le sang. Si ce remède ne les guérit point, on use du suivant :

« On prend une poignée de jombarde, fe-
nouïl, graine de lin, roses de Provins à pro-
portion, et une chopine de vin blanc, le plus
couvert qui se peut trouver. On fait brouiller
le tout dans un pot neuf, jusqu'à ce qu'il se
soit réduit en marc, et on étuve les mains de
l'oiseau deux ou trois fois par jour.

« S'il ne guérit pas, il faut laisser résoudre
le mal et quand on le verra apostumer, y
mettre le feu avec un ferrement, puis avoir
des limaçons rouges, les presser et, de ce qui
en sort, les en frotter pour amortir le feu, et
ensuite y mettre de la graisse de poule.

« Il arrive aussi que les oiseaux s'arrachent
une serre en volant. Pour les guérir, il faut
avoir de la térébenthine de Venise avec des
crottes de chèvre, faire un petit doitier bien
juste, et le remplir de cette composition. On
laissera le doitier l'espace de trois semaines,
il sortira un ongle qui sera bientôt en état de
servir et l'oiseau ne souffrira plus du mal.

« Quelquefois encore les oiseaux s'arrachent
la penne des ailes en volant. Or, il faut remarquer que ce qui tient les ailes est une chair
nerveuse qui enveloppe le tuyau des plumes,
et qu'aussitôt que ce tuyau est découvert, le
trou se bouche ou se retire, et bientôt la penne
se dessèche. Pour remédier à cet accident, on
prend un grain d'orge avec du baume, qu'on
introduit dans le tuyau le plus avant qu'il est
possible et l'on prend garde de le faire saigner ; par ce moyen, la penne qui revient, fait
sortir le grain d'orge ; ainsi que quand l'oiseau

mùe, les vieilles pennes ne tombent point, que les jeunes ne les poussent, en sorte que le tuyau n'est jamais vide. »

Attention au *bouquet* :

« Quelquefois les oiseaux font des œufs, à la mùe, principalement quand ils sont bien nourris. On en a vu faire des œufs plus de cinq ans de suite à chaque mùe. Quatre jours avant de les pondre, ils sont bien malades, ils crient, et ne veulent point manger, ce qui les affaiblit beaucoup. Pour les empêcher de faire des œufs, on prend de l'eau d'endive, de l'eau de vigne et de l'urine d'un enfant mâle ; le tout étant bien mêlé ensemble, on détrempe leurs viandes dans cette composition, et c'est une chose expérimentée qu'après cela ils ne font pas d'œufs. »

Ne sont-ils pas bien plus amusants à lire que les modernes, ces vieux empiriques ? Il y a des recettes bien plus fortes encore que celles que je viens de citer. Mais je n'ose les mettre sous les yeux de mes aimables lectrices. Les produits pharmaceutiques de ces anciens docteurs ne se composant que de sécrétions et de déjections variées, n'offrent rien de bien ragoùtant et surtout de bien parfumé. Je m'empresse donc d'en clore la liste.

En somme, la meilleure médecine consiste dans les soins hygiéniques et la propreté. Pour mon compte personnel, je n'en pratique pas d'autre et mes oiseaux s'en trouvent bien.

J'ai décrit au cours de mon petit travail une grande partie des instruments employés en

autourserie. J'ai pourtant oublié la *fauconnière*,
qui n'est qu'un simple sac en toile ou en drap,
muni de plusieurs poches dans lesquelles on
place les instruments, tels que : longes, vervelles, tourets, aiguilles, filières, etc. On en
réserve toujours une pour mettre le gibier
d'escap, pigeon ou lapereau, servant dans les
circonstances extrêmes pour faire revenir un
oiseau récalcitrant.

Lorsqu'on se déplace et qu'il est impossible
de porter sur le poing les oiseaux destinés à la
chasse, on fait usage de paniers en osier de
différentes grandeurs, correspondant à la taille
des voyageurs : Pour un autour on compte
0,70 centimètres de diamètre sur 0,50 centimètres de hauteur. Pour un tiercelet 0,55 centimètres sur 0,35. L'intérieur des paniers doit
être garni de toile fine avec œillets destinés à
laisser passer l'air. Le couvercle peut être à
l'intérieur ouaté afin d'amortir les coups si
un oiseau cherche à se débattre ; en tout cas,
il est bon que le couvercle soit très bombé
afin d'y mettre l'oiseau comme sur un bloc
dès qu'on le sort de sa prison.

Voilà à peu près toutes les recommanda-
tions indispensables pour pratiquer l'autourserie. Le secret est bien simple : entretenir la
familiarité de l'oiseau en le portant souvent
au milieu des bruits divers et ne le laisser
manger que sur le poing.

DE L'ÉPERVIER

L'Épervier (*Falco nisus*), est de la même famille que l'Autour. En histoire naturelle on le classe dans une sous-famille dite des Accipitrinées.

Cet oiseau a le bec court, comprimé, courbé dès sa base et fortement crochu, à mandibule supérieure non dentée, mais dilatée vers le milieu de son bord en un feston plus ou moins prononcé, ou simplement sinueuse ; l'inférieure tronquée et retroussée à son extrémité ; narines ovalaires ; tarse et doigts longs et grêles garnis en dessous de pelottes saillantes ; tête généralement petite, déprimée ; ailes longues quant à leur ostéologie, mais de forme obtuse ou sub-obtuses.

L'Épervier ne chasse qu'en rasant les surfaces, presque sans mouvement apparent des ailes ; ou bien à l'affût, immobile ; juché sur un arbre, il attend qu'une proie vienne à passer pour fondre dessus et la poursuit avec acharnement à travers tous les obstacles. J'en ai vu poursuivre des moineaux jusque dans des appartements.

Ces oiseaux sont remarquables par la grande

célérité de leurs mouvements et surtout par l'extrême dextérité de leurs pattes : la grande longueur du doigt médian leur rendant l'action de saisir et d'empoigner beaucoup plus facile, et, sûrs de ce double avantage, ils poursuivent leur victime jusque sous le couvert et l'atteignent souvent au milieu des branchages.

Le mâle, quoique incomparablement plus petit que la femelle, comme chez tous les oiseaux de proie, est encore plus entreprenant et plus courageux qu'elle. On le nomme vulgairement *Emouchet, Emouquet* ou *Mouquet*.

La taille de la femelle est d'environ $0^m,40$, celle du mâle $0^m,30$.

L'Épervier *sors* a le manteau brun, les grandes plumes des ailes noires en dessus, rayées en dessous, le ventre blanc sale tacheté de flammes d'un roux multicolore, de forme ronde sur la gorge et en lignes transversales sur la poitrine et les jambes. Après la première mue, l'Épervier a le fond du plumage de la poitrine plus blanc et les taches plus serrées et plus foncées. Le manteau se fonce en gris ardoisé. L'iris tourne à l'orange et le sourcil, de roux qu'il était, tourne au blanc tacheté de points bruns. Enfin, comme dans bien des espèces d'oiseaux de proie, le pennage de l'Épervier est souvent très variable.

Il niche dans les bois, pond de quatre à sept œufs d'un vert très pâle, presque blanc, moucheté de petits points bruns, quelquefois en très petite quantité.

Il est employé en fauconnerie depuis les

Fig. 36. — Épervier.

temps les plus reculés. On retrouve chez les Romains l'*ars accipitraria*.

Dans l'ouvrage de M. Magaut d'Aubusson, nous trouvons qu'une ordonnance de 1326, rendue par Charles-le-Bel, défend à toute personne noble ou roturière, de prendre, sans permission, dans les domaines du roi, un épervier au nid ou avec des filets.

Cet oiseau fait, dit le même auteur, de fréquentes apparitions·dans les romans du moyen âge. Il en cite quelques exemples : Dans la vengeance de Raguidel, le célèbre Gauvain, après avoir reçu chez la belle Ydoine l'hospitalité la plus complète, engage son amie de rencontre à se lever et à l'accompagner à la cour : « Je le veuil, dit Ydoine; » et, pour tout bagage, elle prend un épervier sur son poing.

Raoul de Houdeux, dans son roman de *Méranois de Portlesquen*, fait d'un épervier le prix de la beauté. Le vainqueur du tournoi doit l'offrir lui-même, devant tous, à celle qu'il préfère.

C'est encore un épervier que la fille d'un bourgeois de Châlons en Champagne, donna à Gérard de Nevers, etc., etc.

L'épervier est un oiseau très commun, mais difficile à élever. Il faut le nourrir de vifs : jeunes souris et petits oiseaux vivants. On ne dresse généralement que les belles femelles qui peuvent être mises en chasse vers le mois de septembre. Comme le dressage ne dure que trois semaines environ, il est plus avantageux de leur donner la clef des champs après la saison du vol plutôt que de les nourrir durant le printemps et une partie de l'été. Ils sont tellement communs et faciles à dresser qu'on peut s'en procurer de nouveaux à toutes les saison de chasse. Du reste, il y a bien des pays en Orient et même en Afrique où on donne la liberté aux faucons pour les laisser nicher et se reproduire à leur aise. C'est une façon intelligente de ne jamais en manquer, c'est aussi une économie sérieuse que de ne pas avoir à nourrir un oiseau ne pouvant chasser durant cinq mois au moins ; aussi, je suis d'avis de ne conserver ces équipages de fauconnerie que pendant la saison du vol. En comptant bien, la nourriture, les appointements des hommes et les pertes diverses, on a plus d'avantages à vendre ou à se séparer de ces oiseaux après la chasse, quitte à en acheter, fusse même très cher, à la saison des branchiers ; à moins d'avoir l'amour des bêtes, ce que je considère pour mon compte comme très agréable puisque je passe une partie de mon existence en leur aimable compagnie.

L'Épervier ne vole que la plume. Il excelle sur la caille, la perdrix, la grive, et le merle et sur tous les autres oiseaux de même taille.

Le dressage de l'Épervier est exactement le même que celui de l'autour.

En résumé, l'autourserie est un sport charmant, facile et à la portée de toutes les bourses. Il suffit d'avoir de la patience et de la méthode pour arriver, au bout de quelques semaines, à des résultats inespérés. Il est vrai qu'en ce bas monde, les vrais amateurs sont rares et c'est à eux seuls que je m'adresse. Je laisse de côté ces chasseurs de casquette qui pullulent partout, même ailleurs qu'en Provence, et qui sont beaucoup plus pour le panache que pour le travail, car ceux qui sont forts dans tous les sports, sont des travailleurs. On ne devient veneur-fauconnier ou autoursier qu'en observant et en se donnant un peu de peine. J'engage donc tous les lecteurs que j'ai quelque peu intéressés à essayer de grossir notre petit noyau. Nous compléterons les renseignements nécessaires, au gré de leurs désirs, en nous mettant à leur disposition.

Nous terminerons ce petit travail par le vocabulaire des termes employés en fauconnerie.

DICTIONNAIRE

DES

MOTS USITÉS EN FAUCONNERIE

———

Abaisser. — Diminuer la nourriture habituelle pour aider à l'entraînement.

Abandonner. — Lorsqu'il est prouvé que l'oiseau est impropre au vol, on l'abandonne, c'est-à-dire qu'on le tue ou on lui rend la liberté.

Abattre l'oiseau. — Le saisir par le dos pour le garnir de jets, le poivrer ou le soigner.

Abêcher. — Abêcher l'oiseau, lui laisser prendre une partie de sa nourriture pour entretenir un appétit plus ardent pendant la chasse.

Acharner. — Acharner le tiroir ou le leurre ou le poing, c'est-à-dire mettre de la viande dessus.

Adouée. — On dit en fauconnerie qu'une perdrix est *adouée*, lorsqu'elle est accouplée.

Affaiter. — Dresser les oiseaux pour la chasse.

Affriander. — Faire revenir l'oiseau sur le tiroir avec du *pât*.

Aiglures ou *Bigarrures*. — Taches roussâtres dont le plumage des faucons est parsemé.

Aiguilles. — Maladie des oiseaux de proie causée par des parasites (J. de Frauchières).

Aile. — L'oiseau monte sur l'aile quand il s'incline dans son vol en s'appuyant sur une seule aile.

Ailerons. — Petites plumes du haut de l'aile.

Air. — Prendre l'air signifie s'élever beaucoup.

Aire. — Nid des oiseaux de proie.

Alèthe. — Oiseau de poing de la taille de l'épervier, originaire du Pérou. — A été importé en France pour la première fois sous le règne de Henri IV.

Allier ou Hallier. — Sorte de filet pour prendre certains oiseaux.

Allongé. — On dit qu'un oiseau est allongé, lorsqu'il a toutes ses plumes et qu'elles sont de grandes dimensions.

Alphanet. — Oiseau de proie; on l'appelle aussi *Tunisien*; peut voler la perdrix et même le lièvre.

Amont. — Mettre l'oiseau *amont*, c'est-à-dire le jeter. Tenir amont se dit de l'oiseau, lorsqu'il se tient en l'air en cherchant à découvrir sa proie.

Amour. — Voler d'amour se dit lorsque l'oiseau vole en liberté pour soutenir les chiens de chasse.

Antanaire ou *Atanaire* ou *Sor-Saure*. — Se dit d'un oiseau d'un an niais n'ayant pas encore mué ; doit dériver du vieux mot *Antan* : année précédente.

Apoltronir l'oiseau. — Lui couper les ongles des doigts de derrière pour l'empêcher de voler les grosses proies.

Aposthumes. — Mal qui vient à la tête des faucons (G. Tardiff), suppuration.

Araigne. — Sorte de filet pour prendre les oiseaux divers et même les oiseaux de proie.

Armer. — Armer les faucons, leur mettre les entraves. Armer une cure, la mélanger avec la viande pour aider l'oiseau à l'avaler.

Assurer. — Un oiseau est assuré lorsqu'il peut voler librement sans filière et qu'il n'a plus peur de rien.

Asthmé — Un faucon est asthmé lorsqu'il respire difficilement.

Attombisseur. — Lorsqu'on vole le héron. L'oiseau qui attaque le premier se nomme *hausse-pied*. Celui qui est lâché le deuxième pour aider le *hausse-pied* se nomme *attombisseur*.

Attrempé. — Se dit d'un faucon en bon état de santé, c'est-à-dire ni gras ni maigre.

Autourserie. — Art de dresser l'Autour et l'Épervier. Se dit aussi de l'appartement où sont gardés les oiseaux de bas-vol.

Autoursier. — Qui dresse et fait voler les oiseaux.

Avillons. — Serres des pouces ou doigts de derrière.

Baguette. — Bâton avec lequel le fauconnier

bat les ronces et les buissons pour faire lever le gibier.

Baigner. — L'oiseau se baigne lorsqu'il se jette à l'eau, ou même lorsqu'on le plonge dans l'eau. On dit aussi qu'il est *baigné* lorsqu'il est mouillé par la pluie.

Baillement. — Maladie ou malaise des faucons.

Balai. — Queue des oiseaux de bas-vol. On dit la queue d'un gerfaut et le balai d'un autour.

Ballarin. — Petit faucon importé de Hongrie.

Bander. — L'oiseau bande au vent, lorsqu'il se tient en l'air en se raidissant contre le vent.

Barres. — Bandes noires qui traversent le balai de l'épervier.

Bas-vol. — Se dit en parlant des oiseaux qui ont le vol bas, tels que la perdrix, la caille, etc.

Beccade. — Petit morceau de viande ou de gibier qu'on offre à prendre à l'oiseau sur le poing, sur le tiroir ou sur la proie vivante qu'il a prise.

Bejaune. — Nom donné aux oiseaux niais qui ne sont pas dressés, dérive de *Bec jaune*.

Béquillon. — Nom donné au bec des oiseaux de proie lorsqu'ils sont jeunes.

Bigarrures. — Voyez *Aiglures*.

Bloc. — Pieu ou poteau enfoncé en terre et en sortant de 0,50 cent. environ. On y attache et fait percher les oiseaux de vol.

Bloquer. — L'oiseau bloque, lorsqu'il se

branche ou se pose sur le sol avec l'intention de poursuivre le gibier qu'il a manqué ou perdu de vue. On dit aussi qu'un faucon bloque, lorsque, planant en l'air, il reste immobile au-dessus de la proie pour en faciliter la prise.

Bon voler. — Terme employé pour les oiseaux bien affaités, on dit : *Voler pour bon*, c'est à-dire voler en plein air et sans filières ni entraves.

Branchier. — Oiseau de proie sorti du nid et qui commence à voler de branches en branches.

Branle. — Un oiseau *branle*, lorsque, se trouvant sur la tête du fauconnier, il tourne en battant des ailes.

Branloire. — Un Héron est à la *branloire* lorsque le faucon branle avant que de s'envoler vers lui.

Brayer. — Derrière du corps des oiseaux de proie. Un bon faucon a toujours le brayer net et émaillé de taches noires et brunes.

Brider. — Lorsque l'oiseau est trop ardent, certains fauconniers *brident* les serres, une à chaque main, pour l'empêcher de donner tous ses moyens.

Bûcher l'oiseau. — Le mettre au bloc ou à la perche.

Buffeter. — Signifie toucher en passant contre le leurre ou contre la proie. On dit : *Il a buffeté la proie.*

Canelade. — Cure composée d'un mélange de sucre, de canelle et de moelle de héron que les fauconniers donnaient autrefois aux oiseaux avant le vol du héron afin de les exciter à cette chasse.

Cataracte. — Maladie des faucons qui se traduit par un écoulement d'humeur qui sort des yeux. On prétend la guérir en soufflant de la poudre d'aloës dans les yeux des oiseaux atteints de cette infirmité.

Cerceaux. — Toutes les plumes qui, à partir du bout de l'aile, précédent la plume appelée la longue. Les autours et les éperviers ont trois cerceaux; les faucons-sacres, laniers, gerfaut et autres du même genre, n'en ont qu'un.

Chair. — Un oiseau est bien à la chair lorsqu'il est intrépide à la chasse.

Chaperon. — C'est un petit bonnet en cuir souple orné de plumes au sommet et qui sert à couvrir la tête des oiseaux et à les priver de lumière. On n'en fait usage, en autourserie, que pour la prise et le dressage des hagards et des passagers. Tandis qu'en fauconnerie on en fait un usage journalier.

On désigne sous le nom de chaperon de rust, un chaperon sans ornement et aussi simple que possible. On s'en sert dans la fauconnerie, durant le dressage des jeunes oiseaux.

Chaperonner. — Mettre le chaperon à un faucon.

Charrier. — Un oiseau charrie quand, après la prise, il cherche à se sauver avec sa proie.

Chassoire. — Voyez *Baguette.*

Chausser. — Chausser la grande serre d'un oiseau signifie lui envelopper l'ongle du gros doigt avec un petit gant de peau.

Chemise. — Morceau de toile garni de cordon et servant à ficeler les jeunes oiseaux qu'on vient de dénicher.

Chevaucher. — Un faucon chevauche lorsqu'il se raidit et s'élance par secousse contre le vent.

Chiller. — Chiller, c'est coudre la paupière d'un oiseau du côté opposé au bec, afin de l'empêcher de voir par derrière.

Chiragre. — Goutte qui vient aux pieds des oiseaux de proie, on considère ce genre de goutte comme incurable.

Cire. — Membrane jaune qui garnie la base du bec.

Clef. — Petit morceau de bois servant à ouvrir les fentes des entraves.

Clés. — On nomme ainsi les ongles de derrière de la main des oiseaux de proie.

Cléragre. — Goutte des articulations, se déclare le plus souvent sur les vieux oiseaux de proie. Voyez *Chiragre.*

Cluse. — Lorsqu'on chasse la perdrix avec oiseaux de proie et chiens, on fait entendre à ces derniers un cri spécial pour les exciter à faire lever le gibier des buissons fourrés, ce qui s'appelle cluser la perdrix.

Coins. — Les plumes qui sont de chaque côté de la queue des oiseaux de proie, se nomment *coins*; les deux du milieu, *couvertes.*

Conclude. — Voyez *Canclude*.

Contregarder. — Entourer de la main droite ou de l'avant-bras un oiseau pour l'empêcher de s'abimer le plumage en se débattant.

Cornette. — Panache qui orne le sommet du chaperon de l'oiseau.

Coup. — On dit que l'oiseau a pris coup lorsqu'il a heurté fortement sa proie.

Couronne. — Duvet qui environne le bec de l'oiseau de proie à l'endroit où celui-ci se joint à la tête.

Court-joints. — C'est un court-joint se dit d'un oiseau qui a les pattes de médiocre longueur.

Couvertes. — Les deux grandes pennes du milieu de la queue des oiseaux de proie.

Courtoisie. — Faire courtoisie à l'oiseau, lui laisser plumer et prendre une ou deux beccades sur le gibier qu'il a pris.

Courtrier. — Pièce de cuir qui réunit les vervelles au touret.

Crac. — Maladie des oiseaux de proie.

Craie. — Maladie qui consiste en une dureté extraordinaire des émeuts, on y remédie en trempant la viande dans un mélange de blanc d'œuf et de sucre candi.

Craquer. — Terme servant à désigner le cri de la grue (fauconnerie).

Craqueter. — Terme servant à désigner le cri de la cigogne (fauconnerie).

Créance. — Créance ou tiens-le-bien. Sorte de filière qui sert à retenir l'oiseau en dressage quand il n'est pas complètement assuré.

Crécerelle. — Oiseau de proie, famille des Falconidés.

Criard. — On dit qu'un oiseau est criard, lorsque, sans raison, il pousse des cris et se débat. On le calme en lui mettant le chaperon.

Croler. — Terme employé pour désigner le bruit que les oiseaux de proie font en rendant leurs émeuts. Quand il crole, il est en état.

Cure. — On nomme ainsi un composé de poils, ou de plumes, ou d'étoupes, roulés avec de la viande pour remplacer le poil ou la plume que les oiseaux avalent en mangeant leur proie lorsqu'ils chassent en liberté. Le lendemain, cette cure est rendue sous forme de pelotte elle a la forme d'une noisette et contient les détritus que les oiseaux ne digèrent pas, soit plumes, poils, os, etc Elle sert, dit-on, à nettoyer l'estomac.

Curer les oiseaux. — Leur donner la cure.

Daguer. — Un oiseau dague lorsqu'il vole tant qu'il peut en se dirigeant en l'air.

Dangereux. — Il est dangereux à dérober les sonnettes, ce qui signifie qu'il est sujet à se perdre ou à s'envoler.

Décharge. — Le héron décharge pour se rendre plus léger, c'est-à-dire qu'étant poursuivi, il vomit ses aliments en fuyant.

Dedans. — Mettre un oiseau dedans, c'est-à-dire le mettre en chasse.

Degré. — Lorsqu'en montant à l'essor, un oiseau tourne la tête pour changer de direction en cherchant à s'élever encore. On dit qu'il prend son premier degré, puis son deuxième, etc., jusqu'à ce qu'il disparaisse dans les nues.

Dehaité. — Synonyme de rebuté, dégouté. On dit : cet oiseau est déhaité de voler.

Dejuc. — Moment où les oiseaux se réveillent lorsqu'ils sont juchés. On disait autrefois aussi : dejouquer.

Déjucher. — Quitter le juchoir ou le juc.

Délivre. — On dit qu'un oiseau est délivré lorsqu'il a peu de corps et presque pas de chair, ce qui l'aide à avoir le vol rapide.

Délonger. — Enlever la filière ou la longe à l'oiseau.

Dérober. — Dérober ses sonnettes, s'échapper en essayant de recouvrer la liberté.

Dérocher. — Les grands oiseaux de proie en poursuivant les jeunes quadrupèdes, les obligent quelquefois à se précipiter dans le vide du haut des rochers et vont s'en repaître dans les précipices.

Dérompre. — Se dit en parlant d'un oiseau de proie qui fond sur un de ses semblables en l'étourdissant et en le faisant tomber sur le sol.

Désairer. — Dénicher les oiseaux de proie.

Descente. — Action de l'oiseau qui descend avec rapidité sur sa proie.

Désemplotoir. — Petit instrument en fer servant à tirer de l'estomac des oiseaux de proie, la viande qu'ils n'ont pu digérer.

Détrousser. — Se dit d'un oiseau qui enlève la proie à un de ses semblables.

Devoir. — Donner le *devoir*, c'est-à-dire

donner la curée à l'oiseau lo'squ'il n'a pas manqué sa proie.

Droit. — Le droit de l'oiseau, lorsqu'il a volé et qu'on le paie, c'est la tête, la cuisse, le cœur de la perdrix, etc.

Dru. — On dit que les oiseaux sont drus, lorsqu'ils sont assez forts pour partir de l'aire.

Duvet. — Petites plumes blanches ou grises, douces et molles qui recouvrent les jeunes oiseaux de proie. On les dit duveteux lorsqu'ils sont bien garnis en duvet. En fauconnerie, ce duvet s'appelle aussi la chemise.

Ecumer. — Un oiseau écume lorsqu'il rase la proie sans la saisir.

Egalé. — Se dit d'un oiseau qui a des mouchetures sur le corps.

Elimer. — Purger l'oiseau après la mue pour le mettre en état de voler.

Emaillures. — Taches marron qui ornent le plumage des oiseaux de proie.

Emérillon. — Oiseau de proie de l'ordre des rapaces, famille des Falconidés. C'est le plus petit faucon de haut vol.

Emeuts. — Excréments des oiseaux de proie.

Emeutir. — Rendre l'Émeut.

Emouchet. — Nom vulgaire donné au mâle de l'Épervier et quelquefois à la Cresserelle.

Empeloté. — Oiseau malade par suite d'une indigestion. Sa nourriture se met en pelotte et la digestion est arrêtée.

Empiéter. — Terme employé généralement

pour les autours et les éperviers lorsqu'ils saisissent la proie avec leurs pieds.

Enchaperonner. — Mettre le chaperon, on dit plutôt chaperonner.

Enduire. — Synonyme de digérer.

Enfoncer. — Fondre sur la proie et la poursuivre jusqu'à la remise.

Enter. — Signifie raccommoder avec une aiguille, une penne rompue ou froissée.

Entraver. — Mettre ou assurer les jets, le touret et la longe, pour l'autourserie, — avec addition du chaperon pour la fauconnerie.

Epervier. — Oiseau de proie de l'ordre des rapaces, famille des Asturidés.

Escap. — Faire escap à l'oiseau, lui faire connaître son gibier et le lâcher après.

Escaper. — Donner la liberté au gibier destiné à instruire l'oiseau qu'on destine à le chasser.

Escartable. — Se dit en parlant des oiseaux sujets à s'élever trop haut pendant les grandes chaleurs.

Esclame. — Oiseau dont le corps est bien fait, élancé et léger.

Esplanade. — Route suivie par l'oiseau lorsqu'il plane en l'air.

Essimer. — Donner des cures à l'oiseau pour le dégraisser et le mettre en état. Signification : Enlever le suif.

Essor. — Prendre l'essor, monter à l'essor, s'élever librement dans les nues.

Essorer (S'). — Prendre son essor trop fort, c'est un défaut pour un oiseau.

Eventiller. — L'oiseau s'éventille lorsqu'il se secoue en se soutenant en l'air. C'est un signe de grande gaieté.

Faucon. — Oiseau de proie, ordre des rapaces, famille des Falconidés, genre Faucon, contenant plusieurs espèces.

Fauconnerie. — Art de soigner, d'élever, d'instruire les faucons pour la chasse.

Fauconnier. — Celui qui est chargé de dresser les faucons et de les faire voler pour la chasse.

Fauconnière. — Gibecière de toile ou de cuir servant aux fauconniers pour mettre les ustensiles nécessaires à la chasse.

Faire large. — Terme désignant un oiseau qui se sèche au soleil ou ailleurs et qui écarte les ailes et les plumes de la queue.

Filandres. — Vers intestinaux très fins qui font souffrir les oiseaux de proie.

Filière — Petite ficelle de 15 à 20 mètres et plus servant à retenir les oiseaux en cours de dressage.

Fondre. — Fondre sur une proie c'est, pour l'oiseau, descendre à pic des hauteur où il plane sur le gibier qu'il a vu.

Formi ou **Fourmi.** — Maladie du bec des oiseaux de proie occasionnée par les contusions reçues en volant.

Forme. — Femelle des oiseaux de proie.

Formuer. — Faire passer la mue aux oiseaux par des moyens artificiels réputés toujours dangereux.

Frist-Frast. — Aile d'oiseau servant à frotter les jambes des oiseaux qui se tiennent mal sur le poing.

Fuyard. — Nom donné à l'oiseau qui se sauve avec sa proie.

Gobber ou **Gobet.** — Façon de chasser la perdrix avec l'autour et l'épervier.

Gorge. — Donner bonne gorge, demi-gorge, quart de gorge, signifie la quantité de nourriture marquée à la grosseur du jabot. On dit aussi gorge-chaude pour désigner la proie vivante.

Gorger. — Cet oiseau est gorgé, c'est-à-dire qu'il est repu.

Goussaut. — Oiseau trop court, terme employé pour désigner les sujets impropres au vol.

Goutte. — Maladie des faucons.

Grand fauconnier. — C'était autrefois l'officier de la maison du Roi, chargé de la direction de tout ce qui regardait la fauconnerie.

Guairo. — Cri d'autrefois qu'on faisait au départ des perdrix pour avertir le fauconnier de lâcher les oiseaux.

Guinder. — Cet oiseau se guinde sur la nue, c'est-à-dire s'élève très haut.

Hagard. — Uu oiseau de proie hagard est celui qui est capturé après la première mue.

Hail. — Un oiseau vole de bon hail signifie vole de bon gré.

Halbrené. — On nomme ainsi un oiseau

dont les pennes sont cassées, ce qui le rend impropre à un bon vol.

Hausse-Pied. — Le faucon qui attaque le premier au vol du héron.

Herbier. — Ancien terme pour désigner les voies digestives de l'oiseau de proie.

Herisssonner. — Maladie des oiseaux de proie qui se traduit par une instabilité constante des ailes et des pattes.

Heronner. — Voler le héron avec le faucon.

Heronnier. — Faucon volant bien le héron.

Huau. — Engin servant à réclamer l'oiseau; il est fait avec des ailes de buses ou de milan, attachées au bout d'une baguette avec quelques grelots.

Induire. — Cet oiseau a induit sa gorge c'est-à-dire a digéré sa nourriture.

Introduire. — Introduire un oiseau, c'est commencer son éducation. Il est introduit, lorsqu'il comprend déjà ce qu'on lui demande.

Jabot. — Poche servant aux oiseaux de proie à conserver les aliments avant leur entrée dans l'estomac.

Jardin. — Endroit en plein air où on promène les oiseaux de proie.

Jardiner. — C'est promener un oiseau en plein air.

Jets. — Lanières de cuir que l'on met aux pieds des oiseaux de proie.

Jeter. — On jette le faucon mais on lâche l'autour, c'est lancer l'oiseau sur la proie.

Jeu. — Donner jeu à l'autour, lui laisser plumer ou dépoiler la proie qu'il a prise.

Lâcher. — Lâcher l'autour, ouvrir la main pour laisser partir l'oiseau.

Large. — Un oiseau fait large lorsqu'il écarte bien les ailes et le balai au repos. C'est un signe de bonne santé.

Léger. — Oiseau léger ; celui qui a le vol long et soutenu.

Leurre. — Mannequin imitant la forme d'un oiseau sur lequel on applique une paire d'ailes de pigeons.

Leurrer. — Rappeler un oiseau avec le leurre.

Lève cul. — Se dit lorsqu'on fait partir le gibier pour le donner à voler.

Lier. — Action du faucon qui enlève sa proie dans ses serres ou la maintient à terre. Le faucon lie l'autour empiété.

Linge. — Voir *Chemise*.

Longe. — Lanière de cuir qui fait partie des entraves.

Longue. — La plus longue plume de l'aile se nomme la longue.

Madré. — Oiseau après plusieurs mues.

Mahutes. — On nomme ainsi l'épaule, le gros des ailes des oiseaux de proie.

Maigre. — Voler bas et maigre, signifie voler de bon gré.

Main. — On dit en fauconnerie, la main d'un faucon, le pied d'un autour.

Mal subtil. — Espèce de phtisie dont sont quelquefois atteints les oiseaux de fauconnerie.

Manteau. — Parties supérieures, dos et épaules des oiseaux de proie.

Montée. — On dit montée d'essor lorsque l'oiseau s'élève dans les nues à une grande élévation ; montée par fuite, se dit lorsque l'oiseau craint un ennemi plus fort que lui et s'élève subitement et à forts coups d'ailes.

Monter. — Voler en montant. Monter en fauconnier, c'est monter du côté droit à causé de l'oiseau qui est porté sur le poing gauche.

Motte. — Un oiseau prend motte lorsqu'il se place à terre au lieu de se percher.

Mulette. — Terme pour désigner le gésier de l'oiseau de proie.

Mutir. — Action de flenter.

Niais. — Oiseaux au nid ou venant d'en sortir.

Nouer la longe à l'oiseau. — Le mettre à la mue ; on dit aussi nouer entre deux airs pour indiquer une manière spéciale du vol des oiseaux de proie.

Pairons. — Les parents des niais.

Paître. — Paître l'oiseau signifie donner à manger à l'oiseau.

Pantoiment. — Maladie des oiseaux de proie analogue à l'asthme.

Pantois.—Autre maladie des oiseaux de proie affectant la gorge, les reins et les rognons.

Passagers. — Oiseau de proie capturé à l'époque des migrations.

Pât. — Nourriture que l'on donne aux oiseaux de proie.

Pèlerin. — Faucon pèlerin. Ce nom lui vient surtout de ses habitudes qui en font un véritable pèlerin, puisqu'il émigre et est de passage à tous les moments. Il habite en même temps des pays très éloignés les uns des autres, reste quelques jours dans un parage, puis disparaît et émigre souvent à des distances incalculables et revient trois semaines ou un mois après et repart ailleurs sans qu'on sache où il dirige son vol. En tous cas, là où il y a des pèlerins, on est certain d'en voir tous les ans et même presque tous les mois.

Pelote. — Voyez *Cure*.

Pennage. — Ensemble du plumage.

Pennes. — Les plus longues plumes des ailes et de la queue ; les pennes croisées sont signe de bonté de vol chez l'oiseau. On dit pennes affamées en parlant de celles des oiseaux niais dont la croissance a été momentament arrêtée, ce qui forme sur la plume une petite raie qui dénote un signe de faiblesse dans la force de son plumage.

Perche. — Support destiné à recevoir les oiseaux affaités.

Perchoir. — Lieu où se perchent les oiseaux de proie.

Piquet. — On met au piquet la proie vivante destinée à être prise par l'oiseau en cours de dressage.

Plaisir. — Faire plaisir à l'oiseau, lui faire courtoisie.

Planer. — Action des oiseaux de proie, qui consiste à se soutenir dans les airs sans remuer les ailes.

Poil. — Mettre un oiseau au poil, le dresser sur lièvre ou lapin.

Poing. — Un oiseau de poing est un oiseau de vol qui, étant réclamé, revient sans leurre sur le poing du fauconnier.

Poivrer. — Poivrer l'oiseau signifie le laver dans l'eau dans laquelle on a mis du poivre pour tuer les parasites.

Poltron. — Oiseau impropre au dressage.

Porte-Grelot. — Lanière de cuir qui enveloppe le pied de l'oiseau et supporte le grelot.

Quinteux. — Oiseau qui s'écarte trop.

Ramer. — Un oiseau rame lorsqu'en volant ses ailes font l'effet d'avirons.

Rameurs. — Ce sont ceux dont les ailes présentent une forme découpée, propre à frapper l'air fréquemment et avec force pour en vaincre facilement la résistance.

Rappel. — On rappelle les faucons, on réclame les autours.

Réclamer un oiseau. — C'est l'appeler pour le faire venir sur le poing ou sur le leurre.

Reguinder. — Un oiseau se reguinde lorsqu'il s'élève dans les nues par un nouvel effort.

Remarqueur. — Aide fauconnier qui se place

pour suivre le vol des oiseaux et remarquer leurs remises.

Remonter. — Signifie que l'oiseau vole de bas en haut. On dit remonter l'oiseau lorsqu'on gravit une côte pour l'y lâcher. Remonter un oiseau, le remettre en bon é'at pour augmenter son embonpoint et sa vigueur.

Ressource. — Mouvement de bas en haut qu'un oiseau exécute après une descente.

Rhabiller. — Raccommoder les plumes de l'oiseau.

Rivereux. — Oiseau de proie qu'on peut employer à voler sur les rivières.

Rondon. — Fondre en *rondon*, c'est descendre sur la proie avec impétuosité.

Rust. — Voir *Chaperon*.

Sacre. — Oiseau de proie du genre faucon.

Sacret. — Mâle du sacre.

Saurage. — Dérivé de sors, désigne la première année de l'oiseau de proie.

Serres. — Ongles de tous les oiseaux de proie.

Siller un oiseau de proie signific lui coudre en partie les paupières pour l'empêcher de voir clair et se débattre.

Sommées. — Pennes d'un oiseau de fauconnerie qui ont atteint leur croissance maximum.

Sonnettes. — Petits grelots attachés à la main de l'oiseau, très utiles pour retrouver les oiseaux sous bois.

Sors. — Oiseau dans sa première année.

Subtil (mal). — Maladie des oiseaux de proie.

Taquet. — Mettre les oiseaux au taquet, les élever à l'air libre dans des nids artificiels, soit tonneaux ou paniers, au bord desquels on leur place leur nourriture à heure fixe.

Tavelures. — Taches, ou bigarrures de couleurs diverses, que l'on remarque sur les pennes des oiseaux de proie.

Terreur. — C'est le troisième faucon que l'on jette à la chasse du héron.

Tenir. — Tenir ferme, diminuer le pât de l'oiseau de vol, la veille d'un jour de chasse.

Tenir amont. — C'est lorsque l'oiseau se soutient dans les nues pour découvrir le gibier.

Tenir la cure. — Se dit d'un oiseau dont la cure a produit son effet.

Tête. — Faire la tête d'un oiseau, l'habituer à porter le chaperon.

Tiercelet. — Les mâles de presque tous les animaux de proie, quelques-uns font exception à la règle, le mâle de sacre se nomme sacret, du lanier, laneret ; de l'épervier, émouchet ; on dit un tiercelet d'autour, pour dire un autour mâle.

Tiroir. — Synonyme de leurre.

Tiroir sec. — Tiroir dépouillé de sa viande.

Train. — Faire le train à un oiseau, c'est lui donner pour exemple un oiseau complètement affaité.

Traineau. — Peau de lapin empaillée servant à dresser les oiseaux.

Trousser. — Se renverser pour saisir la proie par dessous.

Tunisien. — Nom donné quelquefois au faucon lanier.

Vannes. — Ancien terme désignant les pennes des oiseaux de vol.

Veiller l'oiseau. — L'empêcher de dormir, moyen employé pour les hagards.

Ventolier. — L'oiseau qui tient bien au vent en chevauchant se nomme bon ventolier.

Vervelles. — Petit anneau sur lequel on gravait autrefois le nom de l'oiseau et celui du propriétaire ou une marque quelconque pour le faire reconnaître.

Vessies. — Ampoules venant aux pieds des oiseaux de vol ; on les guérit en lâchant l'oiseau en parquet et en le déterminant.

Vif. — Proie vivante.

Vilain. — Oiseau vilain, se dit en parlant des espèces qui ne suivent que les gibiers de basse-cour, tels que les milans, les corbeaux, etc.

Voiliers. — Oiseaux qui se servent de leurs ailes comme des voiles.

Vol. — Un vol signifie un équipage complet d'oiseaux de vol. On dit : vol du héron, vol du milan, vol de la pie, vol pour corneille, vol pour champs, vol pour rivière. L'ensemble des divers vols, constitue, avec le personnel et les chiens, *un équipage de fauconnerie.*

On n'emploie que des faucons pour le haut-vol, des autours et des éperviers pour le bas-vol.

Voler. — Chasser avec des oiseaux de vol. On dit voler le héron, voler de poing en fort, c'est quand on jette l'oiseau après le gibier ; voler d'amour c'est laisser voler les oiseaux en liberté afin qu'ils soutiennent les chiens et s'unissent à leurs efforts ; voler haut et gros, voler bas et maigre ; voler de trait, c'est voler de bon gré ; voler en troupe, c'est lorsqu'on jette plusieurs faucons à la fois ; voler en rond, c'est lorsque l'oiseau tourne en volant au-dessus du gibier ; voler en pointe, c'est-à-dire en montant ou en descendant rapidement ; voler en coupant, quand l'oiseau vole contre le vent ; voler pour bon après éducation terminée, lorsqu'il vole sérieusement le gibier.

FIN

DE LA BASSE VOLERIE

ET DU DRESSAGE PRATIQUE DE L'AUTOUR ET DE L'EPERVIER

TABLE

Vincennes. — Imp. Albert Lévy et Frère, 2, rue Lejemptel.

…

L'ÉLEVEUR

JOURNAL HEBDOMADAIRE ILLUSTRÉ

DE

ZOOTECHNIE, DE CHASSE

D'ACCLIMATATION

ET DE LA

MÉDECINE COMPARÉE DES ANIMAUX UTILES

HONORÉ D'UNE SOUSCRIPTION DU MINISTRE DE L'AGRICULTURE

Rédacteur en Chef :

Pierre MÉGNIN, ✳, ○ ❀, ❦

LAURÉAT DE L'INSTITUT

PRIX DE L'ABONNEMENT :

POUR LA FRANCE	POUR L'UNION POSTALE
Six mois, 8 fr. — Un an, 15 fr.	Six mois, 9 fr. 50 — Un an, 17 fr.

RÉDACTION ET ADMINISTRATION

19, Rue de l'Hôtel-de-Ville, à VINCENNES
(Près Paris)

Bureau de Vente au numéro et d'abonnement

Passage des Panoramas, 19, à PARIS

Des **consultations vétérinaires**, particulièrement en ce qui concerne les maladies de peau, les maladies parasitaires ou microbiennes des animaux, des **comptes-rendus d'autopsies et d'examen de pièces pathologiques** sont donnés gratuitement, aux Abonnés, par la voie du journal. Les cadavres d'animaux et les pièces provenant d'animaux malades doivent être adressés franco au Bureau du Journal auquel est annexé un Laboratoire.

Des **consultations juridiques** sont aussi données par la même voie sur toutes les questions concernant la Chasse, le Commerce des Animaux, etc., etc.

Enfin, des **offres et demandes gratuites**, réservées exclusivement aux abonnés, sont aussi insérées dans le Journal.

Vincennes. — Imp. Alb. Lévy et Frère, 2, rue Lejemptel.